AF496739

LA CIUDAD BLANCA
MANUEL S. PICHARDO

MANUEL S. PICHARDO

LA CIUDAD BLANCA

Crónicas de la Exposición Colombina de Chicago

PREFACIO

DE

Enrique José Varona

BIBLIOTECA DE "EL FIGARO"

HABANA — MDCCCXCIV

ES PROPIEDAD

Impreso en LA PROPAGANDA LITERARIA, Zulueta 28. HABANA.

Al Señor

Don Antonio San Miguel,

Director de "La Lucha"

Escritas para "La Lucha" estas crónicas, por iniciativa de usted, al reunirlas en volumen, cumplo con un deber de justicia poniendo su nombre al frente de ellas.

A tal deber se adhieren, para dictarme la dedicatoria de este humilde trabajo, los estímulos de la gratitud y del afecto, con que le distingue su devoto amigo y compañero,

Manuel S. Pichardo.

Prefacio.

Cuando en 1851 Inglaterra convocó por vez primera el mundo, para confrontar los productos de su industria, los hombres maravillados creyeron que se iniciaba para la humanidad una era de paz y bienandanza. Pensaron que, al verse juntos y unidos por la común necesidad de domeñar la naturaleza, ya en tanta parte vencida, los pueblos renunciarían á sus luchas criminales; comprendiendo que podían centuplicar sus fuerzas y los goces que proporciona el trabajo sabiamente dirigido, con el trueque y comunicación de sus artefactos, de sus máquinas, de sus descubrimientos y de su ciencia.

La gran exposición de Hyde Park terminó, y con ella parecieron desvanecerse esos sueños generosos. Los pueblos, pacíficamente reunidos por algunos meses, volvieron á mirarse con recelo; y pronto los mismos elementos de progreso acumulados bajo las bóvedas del Palacio de Cristal sirvieron para forjar armas perfeccionadas y aumentar los medios de ruína y matanza de que tan ampliamente se sirvieron las nuevas guerras.

¿Había sido un fracaso la exposición? No ciertamente; porque no podía ser responsable de las quimeras que la novedad del empeño había hecho germinar en los cerebros exaltados. Lo que había original y fructuoso en la idea que le dió calor y vida, floreció y se perpetuó. Dublín, París, Viena, Filadelfia, siguieron las huellas de Londres y construyeron grandiosos edificios para que el mundo fuese á pasar revista á sus más sólidos progresos. Á pesar de las diferencias accidentales de intereses y de las malas pasiones que éstos fomentan, seguía afianzándose y haciéndose más visible el principio de que la civilización no es producto de un solo pueblo y de que para todos acumula los frutos de su labor titánica.

Al celebrarse el cuarto centenario del descubrimiento definitivo de América, la más grande y próspera de las naciones del nuevo continente pensó que de ninguna manera más digna podía festejarlo que poniendo á la vista de los demás pueblos de la tierra sus hermosos títulos para ser contada, en plazo tan breve, entre las primeras colaboradoras de la magna obra de la cultura moderna. Con júbilo y orgullo juveniles, abrió á todos un palenque grandioso, segura de que, en la noble competencia del trabajo, su puesto había de ser en la línea de los que van al frente en todas las manifestaciones de la industria y de la ciencia. Quiso, después de un feliz ensayo de cien años, que el mundo viese cómo se ha gobernado un pueblo por sí mismo; cómo ha sabido fecundar y poblar la tierra que encontró inculta y desierta; cómo ha aprovechado las lecciones de la experiencia agena y del saber pasado para mejorar su condición social; cómo ha puesto la ciencia al servicio de todas las necesidades, para suavizar las asperezas de la vida y preparar un medio más adaptable, más humano, á las nuevas generaciones; cómo ha renunciado á todos los privilegios inicuos de la fuerza, el del amo sobre el esclavo, el del hombre sobre la mujer, para reducir las energías antagónicas á la armonía de la cooperación de todos los elementos de la colectividad; cómo ha dirigido, en suma, su espíritu inventivo, su actividad infatigable y su confianza en el éxito al verdadero objeto de la existencia humana, que es enseñorearse de las grandes fuerzas naturales, á fin de convertirlas en instrumento

de perfección para nuestra especie, asegu-
rándonos en lo posible una vida más amplia,
más bella y más noble.

Si pobló de palacios suntuosos las riberas
del lago Michigan, si separó en construcciones diversas sus cuarenta y cuatro
estados y sus territorios; si derramó hasta la
profusión los productos de su agricultura
perfeccionada y de sus riquezas subterrá-
neas, sus prodigios de mecánica, sus maravillas de electricidad, sus locomóviles de
toda especie, sus colecciones científicas y
artísticas; si expuso con minuciosidad sabia
cómo trabaja, cómo se mueve, cómo trafica,
cómo educa, cómo enseña, cómo propaga,
cómo administra, cómo gobierna, fué para
dar á todos clara y completa idea de su
pujante vida nacional y de lo que ésta
significa en el concierto de la humanidad.

Buena prueba de que lo ha logrado es
el presente libro. Su autor, que pisaba por
vez primera el suelo de la Unión, ha visto
en admirable panorama las manifestaciones
características de su existencia tan profusa,
y ha podido darse rápida cuenta á la vez
de su grandeza y de su complejidad, de
cuanto tiene de especial y de cosmopolita.
Estas páginas, escritas con el calor de las
primeras impresiones, nos conducen sin
esfuerzo á los parajes donde fueron sentidas
y nos trasmiten la visión luminosa de tanta
grandeza. Mueve al autor el plausible de-

seo de ser verídico y justo, sin disimular sus aficiones y preferencias. Única manera de conservar la sinceridad, que es la honradez literaria. No pretende que sus juicios sean verdades inconcusas, pero tampoco quiere mirar por los ojos de otro, ni acatar todos los fallos agenos, aunque deslumbren con el prestigio de la autoridad.

Por eso mismo no le han de desagradar los disentimientos razonados; y ya que me ha favorecido con el encargo de presentar al público un libro, que no necesitaba más pasaporte que sus propios merecimientos, me ha de permitir que le formule un reparo. No es más que un detalle, pero quizás sea capital.

El señor Pichardo aconseja con calor á nuestras compatriotas que no sigan las huellas de la mujer americana. Ya teme ver á las graciosas y sensibles hijas de Cuba, adelantándose á paso gimnástico por la áspera liza de la vida, compitiendo con el hombre en las rudas labores profesionales, dejando caer de sus manos afanosas las flores perfumadas de la poesía y del arte, para ceñirse la toga ó manejar la pluma y el bisturí. El señor Pichardo es poeta y artista, y se estremece, diciendo adiós á las Ofelias y Margaritas tropicales. Pero hay que mirar este grave problema con otros ojos que los de la fantasía y ¿por qué no decirlo? del egoismo inconsciente y, por tanto, más sagaz y enga-

ñoso. La brusquedad grosera del hombre
que amaba y que la desdeñaba embebido
en sus terribles designios, enloqueció á Ofelia; y Margarita rodó de abismo en abismo
por satisfacer el capricho pasajero de un sabio hastiado de la ciencia. Hamlet y Fausto
no verían con buenos ojos á la mujer dueña
de sí misma, templada para la lucha, sabe-
dora de su papel social y capaz de ampliarlo
y perfeccionarlo; y encontrarían poco poético un mundo donde no hubiera tallos de
lirio que tronchar, en las horas en que su
mente, cansada de otros arduos problemas,
abatiese su vuelo hacia la tierra.

Durante largos siglos ha hecho el hombre de la mujer su parásito. Y es ley
biológica que el parasitismo atrofia y de-
forma. El mayor servicio que han prestado
los americanos al mundo es haber roto esa
dura esclavitud, cimentada en la rutina, en
la pereza, en el egoísmo y en pasiones
aun más bajas, para dar su verdadero
puesto á la mujer, y permitirle el libre desarrollo de sus facultades. Su programa
de reforma —¡qué noble y hermoso!— ha
sido el que compendiaba ha poco Elisabeth
Cady Stanton en estas sencillas palabras:
"Educar á nuestras jóvenes para que se
basten á sí mismas, para que se respeten
á sí mismas, para que se eleven á la dig-
nidad de la independencia pecuniaria." Es
una revolución mayor que la que separó la

América de la Europa. Y de ella ha de recibir aun mayores beneficios la humanidad.

Por lo que respecta á los Estados Unidos, sólo bienes han cosechado hasta ahora
en esa dirección. Las mujeres, robuste-
ciendo su cuerpo y su mente, libertándose
de la ignorancia y el fanatismo, no han
perdido ninguna de sus peculiares aptitudes, y las grandes obras de beneficencia y
educación, que son el orgullo legítimo de
su pueblo, llevan el sello de la inteligencia
y la sensibilidad femeninas. El hogar americano no ha perdido el encanto del *home*
inglés, y las relaciones sociales conservan
los mismos atractivos, con los mismos matices de refinamiento, según las diferentes
clases. Uno de los hombres que han estudiado con más devoción y más profundamente los Estados Unidos, el profesor Bryce,
después de un examen minucioso de todas
las diferencias en educación y hábitos de
vida de la mujer americana, se pregunta
cuál ha sido el resultado, y contesta: —"Fa-
vorable... Mientras que no parecen haber
sufrido las gracias especiales del carácter femenino, se ha producido en ellas una suerte
de independencia y capacidad para valerse
á sí mismas, cada día de mayor precio."

Desde luego que el autor de este libro
no ha querido ir tan lejos. Pero sus palabras se prestan á torcerse, y me ha parecido
que, en obsequio de una gran idea, valía

la pena de intentar esta especie de recti-
ficación. En cambio sólo merece aplauso
cordial el espíritu amplio con que considera
los méritos de los diversos pueblos, sin
quijotismo ni humildad, sin encariñarse
tercamente con lo propio ni con lo ageno.
Así es como realmente debe pasarse revista
á estas grandes manifestaciones de la actividad colectiva. Penetrado de la idea de
que la solidaridad humana no se detiene en
las fronteras, y de que el mundo – el mundo
civilizado–se aproxima al estado de una gran
federación industrial, como ya puede decirse que es una gran federación financiera.

Así aparece bien pequeño todo intento
de dividir, sea las clases cooperadoras en
un mismo pueblo, sea los pueblos llamados
á cambiar las utilidades que producen y las
ideas que elaboran. En la hora triste en
que escribo estas líneas, bien quisiera que
nuestro pueblo, leyendo estas páginas, se
elevara á la consideración detenida de esa
enseñanza que de ellas se desprende. Nos
parece demasiado utópica la idea de fra-
ternidad; pues atengámonos á estas otras,
que son el espíritu mismo de nuestro tiempo: cooperación, solidaridad. El camino,
que ellas no alumbran, lo ilumina el odio,
y conduce al abismo.

Enrique José Varona.

Habana, 19 de enero, 1894.

Criterio de estas páginas.

La necesidad de escribir de omni re scibili, y deleitando é interesando, aunque se traten materias de suyo indigestas y áridas, obliga á nadar á flor de agua, á presentar de cada cosa únicamente lo culminante, y más aún lo divertido, lo que puede herir la imaginación ó recrear el sentido con rápida vislumbre, á modo de centella ó chispazo eléctrico. En crónicas así, el estilo ha de ser plácido, ameno, caluroso é impetuoso, el juicio somero y accesible á todas las inteligencias, los pormenores entretenidos, la pincelada jugosa y colorista, y la opinión acentuadamente personal aunque peque de lírica, pues el tránsito de la impresión á la pluma es sobrado inmediato para que haya tiempo

de serenarse y objetivar.   En suma, tienen
estas crónicas que parecerse más á con-
versación chispeante, á grato discreteo, á
discurso inflamado, que á demostración
didáctica.   Están más cerca de la palabra hablada que de la escrita. Ley aplicable en general á todo el periodismo ...
.........lo que se pide, pues, al cronista
es la personalidad y el atractivo, el brillo
y aun la petulancia, que distinguen su crónica rauda y volante del volumen maduro
y sesudo, erudito y oneroso, venal ya en
todas las librerías y con puesto indicado
en los estantes de todas las bibliotecas.

. . . .

Emilia Pardo Bazán.

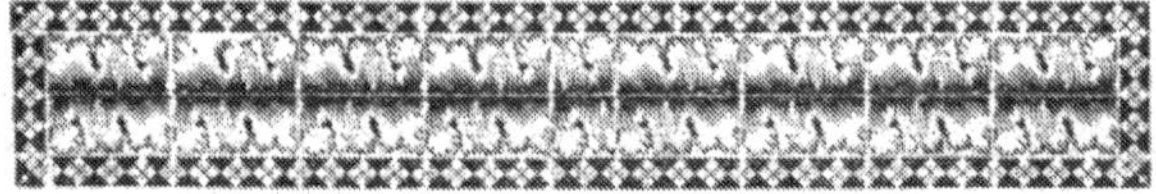

"La Ciudad Blanca."

Bajo este nombre, con el que designaban los americanos la Exposición Colombina, por el color predominante de los palacios que encerraba el Jackson Parck de Chicago, he reunido las crónicas que vieron la luz en *La Lucha* y *El Fígaro*, y otras que no se publicaron en su oportunidad. Por no dejar olvidadas en su vida de un día, aquellas que aparecieron en los periódicos, y perdidas las que guardé inéditas – aunque unas y otras mejor destino no merezcan – me decido á publicar estas páginas.

Fiambres serían ellas, si en cualquier hora no fuese interesante el recordar la importancia y magnitud de la Exposición de Chicago, la forma gigantesca en que concurrieron los Estados Unidos, y el estado de progreso que acusaban en 1893, las primeras naciones del mundo.

Por otra parte, en medio de la atención que exigía preferentemente el gran Certamen, propúseme apuntar algunos rasgos, siquiera fuesen borrosos, del carácter, sentimientos y costumbres del pueblo norte americano, para contribuir, en la escala mínima de mis fuerzas, al conocimiento que nos importa tener de la vida y organización de un país con el cual está unido hoy el nuestro por fuertes ligaduras económicas y que puede estarlo mañana por peligrosas trabas políticas.

Importa que no nos engañemos, que conozcamos íntima y profundamente á nuestros vecinos, para que en ningún caso procedamos con la alucinación que causan los dorados optimismos.

Pensemos que lo que se fantasea en el Mediodía es fácil no encontrarlo en el Norte, de la misma manera que "lo que se proyecta en el Norte, no se realiza fácilmente en el Mediodía," como advierte Nicolás Heredia en la última línea de su admirable *Leonela*.

Si algo encuentra el lector en LA CIUDAD BLANCA que pueda serle útil ó entretenido, concédale toda la indulgencia que para ella ruego.

Enero, 1894.

CRONICAS

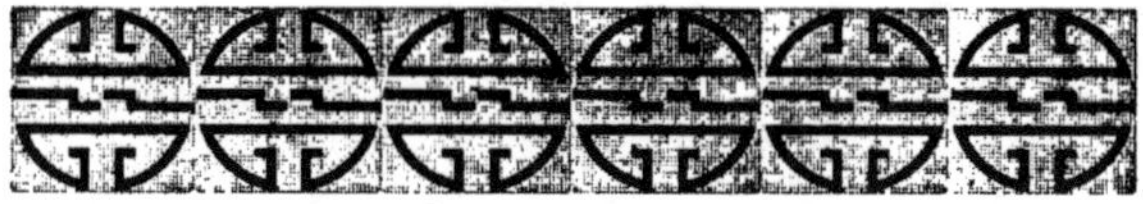

Hasta Filadelfia.

———

UY estimado director y amigo: sepa usted algo de la vida de este cronista, desde que nos dijimos adiós á bordo del *Mascotte*, hasta el momento en que me dispongo á tomar el *expréss* para Chicago, en cuya Exposición estará *La Lucha* representada dentro de veinte y cuatro horas.

Llevo el encargo de trasmitir *mis impresiones* á ese periódico, y como tales, meramente sencillas, traductoras de mi personal sentimiento, deseo que se tomen estas cartas que no aspiran á tener un carácter de información técnica, ni menos de guías consultivas, sino de crónicas palpitantes de cuanto mis ojos vean, en síntesis, estampadas sobre hojas que voy arrancando de mi cartera y que el viento me vuelve. Ténganse,

pues, mis juicios — como pedía para los suyos
Castro y Serrano, en caso idéntico al mío — por
la expresión primera del viajero que mira escri-
biendo y escribe mirando, sobre cosas para cuyo
examen se requiere un mirar seguro y un escribir no débil, interpolados con ciencia y medita-
ción. Ni la una tengo, ni dispongo de tiempo
para la otra; pero sí garantizo al lector absoluta
verdad en mis notas y empeño ardiente de
hacerle amena, cuando no interesante, su lectura.

* * *

—¿Cómo se halla usted aún en Filadelfia ? —
me preguntará usted.

—Pues....por la misma Exposición; por no
haberme sido posible hasta hoy obtener sitio en
alguno de los trenes que desde aquí parten di-
rectamente para Chicago. Sé que lo mismo ocurre en New York, y esto demuestra la gran afluen-
cia de personas á la Exposición. Hay que soli-
citarlo todo muy anticipadamente. Por telegra-
ma he sabido que el *Auditorium*, el principal hotel
de Chicago, no tendrá habitación disponible hasta
el 15 del actual; y no poco trabajo me ha costado obtener una cama en el *Richelieu*.

Pero no me pesa esta demora de tres días en
una de las ciudades más pobladas, ricas y fastuosas de los Estados Unidos. Por aquí he empe-
zado á conocer el carácter *yankee* y á admirar la
magnitud de sus instituciones.

Mas procedamos cronológicamente.

El día 27 de mayo, el sol de nuestra tierra, por el que he sentido la primera nostalgia, besaba el mar como un amante ardoroso. Las aguas, de un fuerte azul turquí, hacían danzar el casco ligero del *Mascotte*. Los pasajeros — una hora antes, de pié en las toldillas, agitando el pañuelo, ese blanco pabellón de las despedidas, y mirando á la costa donde quedaban algunos corazones oprimidos — comenzaron á palidecer. . . .

Pero á las pocas horas, ya de noche, divisamos las luces de Cayo Hueso. Atracó el *Mascotte*. En el muelle se apelotonaba, riendo y con criolla algazara, *gente de la tierra*, á la que saludaban algunos viajeros desde á bordo. Me pareció imposible que pudieran existir en aquel exiguo espacio de terreno, tan opuestos elementos como los que constituyen los inmigrantes cubanos y la población *yankee*.

Dos horas demoraba la salida el *Mascotte*, y quise aprovecharlas, recorriendo las calles, en las cuales, aunque pobremente, se observa un reflejo de la cultura norte-americana. Son anchas, rectas y limpias. La edificación es casi en su totalidad de tabla. Aquellas construcciones ligeras, parece que han de ser barridas por un soplo, hechas como para transeuntes que no intentan arraigar en suelo movedizo. Key West se conoce que no es amado por sus poseedores; la fragilidad de su extructura no es la construcción poderosa y firme del pueblo *yankee*, la cual, no obstante sus pocos años de existencia, representa la solidez inconmovible de una obra secular.

Al volver al *Mascotte*, avisáronme que algunos individuos habían preguntado con insistencia por el corresponsal de *La Lucha*. No he podido inquirir con qué objeto, ni tiempo quiso darme el vapor — que ya en aguas serenas, deslizábase flechado á Tampa — para estrechar la mano de aquellos compatriotas.

En la proa, un reflector eléctrico y giratorio, buscaba las boyas, cuyas campanas, al ser descubiertas por la luz, parecían surgir rápidamente del fondo del mar. Alguna gaviota que en ella dormía, alzó el vuelo ante mis ojos que con tristeza se separaban de aquella costa que trajo á mi corazón, siquiera fuese en sonidos grotescos, el recuerdo de Cuba, la que puede lamentarse cada día, como el excelso poeta, de su "soledad y mísero abandono."

Hoy sé, con dolor, lo pobre que es mi rica patria. Y no es una paradoja.

* * *

Pero sigamos con el *Mascotte*, que el 28 tocó en la isla de la Cuarentena, y á las cinco de aquella tarde, arribaba al puerto de Tampa.

¡Qué alegres las caras de los viajeros, al pisar de una vez tierra firme! Entre ellos, se contaban muy distinguidas personas que, con el magnífico tiempo, hicieron la travesía deliciosa: la ilustre villaclareña Marta Abreu de Estévez, su digno esposo el Dr. D. Luis Estévez, y su hijo Pedro, los cuales, después de admirar la Exposición, continuarán su viaje á París; el joven catedrático y mi compañero inseparable, Dr. Carlos de la Torre, cuyos sabios conocimientos sabrán explotar el Certamen de Chicago, para provecho de nuestro país; el Sr. Alonso y su gentil consorte, una madrileña de talento y donaire; y los caballeros Alberto B. Wikes, Lino Martínez, Fernando Varona y Joaquín Cabaleiro.

A sufrir la inspección de la severa Aduana, que por 20 cajetillas de cigarros hizo pagar ¡cinco pesos! á Lino Martínez; á comer en seguida en la excelente posada de Mr. Plant, y sin pérdida de segundo, al *drawing room*, desde el cual contemplamos por largo trecho un monótomo espectáculo de pinos, entre los que armaban por la noche las ranas, estridente croar.

Y el tren, que no parece deslizarse sobre hierro, entre polvo y humareda y con velocidad de 60 millas por hora, atraviesa un territorio estéril que va haciéndose feraz y pintoresco, á medida que avanza hacia el norte. Jacksonville, Brunswick, Savannah, Chárleston, Florence, Wilmington, pasan entre múltiples pueblos de menor importancia, hasta que surje ante la mirada del viajero, algo gigantesco que rompe el lienzo azul del cielo: el Capitolio de Wáshington.

Ya estamos en el corazón de los Estados Unidos, ya nos ensordece el ruido de esta inmensa nación mercantil é industrial, ya nos asfixia el humo de sus portentosas chimeneas que elevan sus bocanadas negras sobre casas de 18 y 20 pisos; ya atruenan el martilleo de millares de fábricas y los silbidos de incontables locomotoras; ya nos arrastra el vértigo de una suma de fuerzas potentosas que nos traen la conciencia de que pisamos un pueblo libre y grandioso.

Efectivamente, el hombre se siente más dueño de sí, más digno de la vida, más vigoroso, al respirar este aire sano que no tiene límites, que sube al infinito. Yo me he sentido otro sér superior, mi espíritu ha creado potencias que no conocía, y se alza con vuelo de alcón, con acometimiento de · gigante, capaz de tocar sin esfuerzo la cúpula del Capitolio.

Ay! pero después desciendo al pensar que esto no es mío, que soy un extranjero, y vuelvo la memoria á aquel mi hermoso país de las palmas, tan favorecido por la naturaleza y tan maltratado por los hombres. . . .

A cada nueva impresión que me asalta, en presencia de las maravillas que en tan breve tiempo ha realizado esta nación, me acuerdo de Cuba y lloro su atraso en todos los órdenes, excepto en el intelectual.

Y no se me diga que es pasión súbita de novicio, ó deslumbramiento de un alma impresionable. Yo detesto este carácter crudo, seco, hasta descortés, si se quiere; pero admiro lo que el *yankee* ha sabido fomentar con sus esfuerzos, con su moralidad, su patriotismo y sus costumbres.

Tres días en Filadelfia me han bastado para deducir lo que encierra y vale esta gran nación que, siguiendo los destinos históricos, ha de ser pronto, con unánime reconocimiento, la primera del mundo. Parcialmente, muestra ya profusas manifestaciones de su vitalidad fabulosa. La población, como en Filadelfia, que pasa de un millón de habitantes, se centuplica por día, por día de 24 horas; el área de las ciudades se extiende tan vertiginosamente como la de Chicago, que, con los pueblos que se le han unido, suma hoy 174½ millas cuadradas, 34 más que la de Londres, que era la mayor conocida; y la ambición de los Estados crece hasta el propósito de poseer cuanto el suelo y el hombre puedan producir en el globo. Con habitantes, terrenos, tesoros, ambiciones y fe, todo desmedido, ¿quién predice adonde puede llegar la Unión Americana?

* * *

Filadelfia es una ciudad típica de los Estados Unidos, guardadora de venerandas reliquias de la época de la independencia; científica, industriosa, fabril, y donde se conserva inmaculado el

prestigio de la familia americana.   Por eso se la
llama *City of Homs.*

Su aspecto es bellísimo, desde *City Hall*, ó
casa del Ayuntamiento—prodigio de arquitectura
que lleva ya consumidos 16 millones de pesos y
ascenderá su costo á 20—hasta sus extremos pa-
norámicos que cortan los ríos Delaware y Schku-
kil.

Pude presenciar la fiesta nacional del 30 de
mayo, ó *Decoration Day*, en que los ciudadanos
van á honrar las tumbas de los héroes.   ¡ Espectáculo sublime!   En procesión cívica salieron á
la calle las banderas gloriosas de la patria hechas
trizas por el plomo, y se cubrieron de flores las
tumbas y estatuas públicas de los próceres americanos.

Bajé en coche por el *Fairmount Parck*, vastísimo paseo que se considera el primero del mundo, por su extensión, y en el que se conservan algunos edificios de la Exposición de 1876. En un
espacio muy amplio, junto al puente Lairdowa-
ne, se halla el jardín zoológico, donde se encuentran, en variedad de edificios, los animales más
conocidos y los más raros.   Carlos de la Torre
me explicó un curso completo de historia natural.

Luego vimos que las estatuas que decoran el
Fairmount Parck, estaban cubiertas de coronas,
especialmente la de Lincoln.   Desde una de las
avenidas del paseo, se ve la primera casa de Filadelfia, la que ocupó el fundador de la ciudad,

William Penn , cuya estatua en bronce , de 37 piés de altura , coronará el soberbio edificio de *City Hall.*

El amable caballero D. Calixto Guiteras, sobrino del venerable D. Eusebio — á quien tuve el gusto de visitar — y que es profesor del famosísimo Colegio Girard, nos sirvió de incomparable guía en la visita que también hicimos á esta única institución, porque es única en el orbe. El Sr. D. Raimundo Cabrera ha hecho de ella una exacta descripción en sus utilísimas *Impresiones de viaje,* que he consultado frecuentemente. Girard, un francés que hizo fortuna inmensa en esta población, legó, al morir, siete millones de pesos para fundar un colegio donde hoy reciben educación, pan y asistencia absoluta, más de 1,500 niños huérfanos. Aquello es divino. El Colegio Girard es un pueblo, con edificios espléndidos. Para su sostenimiento y adelanto, hoy tiene 18 millones de capital. Como dice la Pardo Bazán, hay que recurrir á las cifras cuando no bastan los adjetivos ni superlativos.

Decir todo lo magnífico que escudriñé en el Colegio, sería tarea larga y difícil. Sólo citaré el Museo Girard, que por bondadoso privilegio pude contemplar: salón destinado á conservar *ad perpetuam,* los objetos que pertenecieron al insigne filántropo.

Al dejar el Colegio, pensaba yo si sería más plausible la disposición del afortunado francés, ó

la honrada constancia con que la ciudad ha hecho cumplirla al través de sesenta años.

Patriótico, serio y honrado, esa es la trilogía
moral del pueblo *yankee*.

* * *

Por la tarde, asistí á una exhibición de caballos, en un lugar de campo, á veinte minutos de
Filadelfia.   Es una fiesta anual que durante cinco días y con animación latina, celebran estos sa-
jones, para favorecer con premios valiosos los caballos que se presentan á disputarlos, en una
pista adecuada.   No son carreras en que se cru-
zan apuestas.   Se necesita una sangre como la
de ellos, para divertirse con sólo ver dar vueltas
á seis ú ocho ó diez caballos que tiran de coches
manejados por sus dueños.

Apenas si reparé en los *jorses*, por mirar tanta
bellísima mujer blonda y de ojos azules. Aquí la
mujer es reina en el hogar. . . . y en la calle; se
la ve que toma parte de día y de noche en todos los espectáculos.   Generalmente, el hombre
trabaja y la mujer consume; me refiero á cierta
clase social; porque es sabido que buen número
de americanas de clase modesta, se dedican á destinos y oficios que en nuestro país sólo desempe-
ñan los hijos de Adán.

También estaban ellas en mayor número en el
Grand Opera House, donde una *trouppe* americana de opereta, cantaba *El Príncipe Matusa-*

lem, obra divertida de Strauss, cuyo asunto trasciende á *La Mascota* y de música viva y fresca. No nacieron los *yankees* para el teatro, y menos para el teatro cómico. El *clown* no es el actor.

* * *

Aun no estoy en mi elemento. Nada he visto de bellas artes, si se exceptúa la arquitectura que en muchos edificios majestuosos copia todos los órdenes en el mármol, el pórfido y el granito.

Pienso volver á Filadelfia y entonces veré sus museos; pero me imagino que sus cuadros y sus estatuas nunca serán expresión tan hermosa como la red infinita de sus alambres, que atraviesa el aire para conducir la palabra instantánea, y la de sus rails, que surca la tierra para dilatar los productos de su civilización atlética.

(Junio 17)

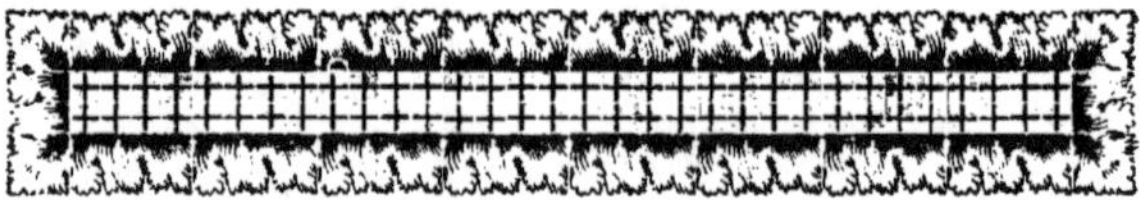

¡A Chicago! .

A los diez minutos de poner el sello á mi carta primera, hallábame en los cojines de un Pullman, volviendo los ojos á Filadelfia, con mirar de penosa despedida, y ya renegando del humo de la máquina y del barniz de los carros, que conspiran contra mi olfato, desde que pisé tierra norte americana.

Gracias á que la campiña que atravesábamos nos envió, al través de las ventanillas, el aroma de sus flores, y á que la sorpresa de los paisajes nuevos me hacía olvidar todas las molestias, incluso las del *massage* forzoso á que nos someten los tumbos de los trenes. Y cuenta que de viajar en un ferrocarril *yankee*, á molerse el cuerpo en un wagón de Cuba, existe diferencia semejante á la que recibo aquí, entre ver el rostro de un niño ó el de una vieja; porque todo lo bella que es la infancia en este país, es lo contrario la mujer que se pasa.... que se pasa de los cuarenta. En cambio, el hombre, cuando le platea el cabello y la barba, adquiere un sello hermoso de respetabilidad. Ellas, las que fluctúan entre los quince y los treinta, son elegantes á ratos, bonitas con frecuencia y estiradas siempre. Esta rigidez, que suele plancharlas cuando es muy rigurosa, róbalas mucho de la graciosa soltura que tanto encanto presta á la mujer en la Habana como en París.

De los hombres, no quiero decir lo que pienso; no sería justo condenar á seres que olvidan el espejo y van siempre de prisa, detrás de Mr. Negocio, un millonario que proteje al que llega más pronto. Por eso el empellón es *yankee*.

Pero volvamos al Pullman, donde el cansancio va oprimiendo mis párpados. De pronto, siento una sacudida: creo súbitamente que descarrilamos, pero no hay tal; es que un nieto del Tío Sam, quiere que admire el paisaje solemne que surje detrás de los cristales del wagón. El tren cruza la gran cordillera de los Alleghany, que copia parcialmente un panorama suizo. El tren sale silbando de la noche de un largo túnel, para hallarse de pronto en la radiante luz que destaca enormes montañas cuajadas de vegetación salvaje. El terreno es tan accidentado, que emociona y pasma. El tren sigue el trazo de una enorme herradura entre una circunvalación de mon-

tículos y montañas de soberbia alpina. Ya
sube resoplando con ímpetu valeroso; ya borda
la cima de un abismo con cautela de prudente;
ya baja un desfiladero con retención medrosa;
ya, en fin, vence el peligro de las cuestas, sale á
piso más llano, y serpentea soberano, arrastran-
do vertiginosamente la doble cola de sus carros
y de su cabellera flotante. Y las montañas deja detrás, majestuosas en su reposo sublime, como des-
deñando el atrevimiento de aquel reptil de hierro
que huye de su furia dormida.

Cayó la noche, para dar á la vista otro espectáculo sorprendente. Los Estados Unidos son los
amos de la electricidad y del vapor. En pleno
campo, de comarca en comarca, entre un sembrado de *pueblecillos* de 50.000 habitantes el que
menos, se contemplan las luces de cien dinamos
y se oye el ruido de mil calderas. Recorrimos
trechos dilatados de fundiciones que trabajaban.
En medio de la negrura de una noche fría, á izquierda y derecha de la línea, los hornos abrían
sus bocas de fuego. No de otro modo fuese el
báratro donde Plutón fundiera sus mazas.

* * *

Á las once de la mañana del día siguiente,
después de 24 horas de ferrocarril, entraba en
Chicago, la ciudad-fénix.

Llovía y soplaba del lago Michigán un aireci-
to muy hermano del invierno de Cuba. Sentí en

el acto la pesadumbre que causan á los hijos de
los trópicos los pueblos del norte. Ese tiempo
ha continuado hasta hoy, en que he podido ver
mejor el techo de las casas. Me recibieron un
cielo sucio y una neblina espesa, pareja sombría
á la que no agradezco el saludo. Puedo decir de
Chicago lo que se refiere del persa que, recién
llegado á Londres, escribía á su país:—"He no-
tado que los ingleses no gastan sol."

Tan pronto dí el primer paso, tuve la evidencia de que lo único que aquí alumbra son los
soles, de moneda, y de que la vida se hace exce-
sivamente cara para el viajero. Los mejores hoteles cobran de 5 á 20 pesos diarios por persona,
con derecho á pagar aparte la comida. Una
friolera, como la que viene del lago. Verdad es
que existen en la ciudad 1, 400 hoteles y otros
tantos *restaurants*, y mucho será que no haya
alguno más al alcance de las empresas que en
la Habana están acaparando excursionistas para
la Exposición, aunque los viajeros tengan que
dormir á la altura del *Masonic House*, una casa
de 21 pisos visibles, y comer mantequilla, que
es aquí alimento *regalado*.

Ansioso de ver la Exposición, con lluvia y lo-
do, me dirigí á ella por el *Central Michigan*, empresa de ferrocarril que tiene una estación en
frente del hotel *Richelieu*. Hay distintas mane-
ras de ir al codiciado punto: por el lago, en vapor; por medio de ferro-carril elevado, tranvías

de cable, de caballo, ómnibus, carruajes, &c.;
pero la más rápida y conveniente es aquella, por
distar la Exposición siete millas del centro de
la ciudad. He dejado para más tarde el conocer la población, de la que sólo he podido hasta
ahora columbrar que es enorme. Ese es el distintivo del pueblo norte-americano: lo grande,
lo colosal. Lo mismo que han hecho máquinas
para todo, hasta para lo imposible, todo lo hacen
crecer y multiplicar, más aun que como Dios
manda.

También es *yankee* la previsión: la necesidad
ha sido atendida en su sentido absoluto. Pueblo
laborioso, es á la par un sibarita: ha creado el
confort. Posée un invento para satisfacer cada
deseo, y aun se anticipa en tener previstos aquellos de que no se ha dado cuenta la conciencia.
El cuerpo inicia un movimiento cualquiera, una
acción involuntaria, y se encuentra con un aparato útil.

Otra virtud magnífica de esta nación, es cómo
sabe enaltecer y perpetuar la memoria de sus hijos ilustres, cuya fama se pregona en todas las
calles, plazas y edificios, por medio del mármol y
el bronce, y sin embargo, con tanta personalidad, destierra el personalismo, que es el pecado
original, la enfermedad endémica de la raza
latina. Aquí nadie se acuerda de la autoridad,
como individuo, cuando ésta dispone lo que debe
ser dispuesto, que es irremediablemente lo que el

pueblo pide y necesita. — "La ciudad dispuso" —
dicen cuando quieren citar una orden que esa
autoridad firmó, con lo cual no sólo se da al mandato mayor prestigio, sino que se eleva en fuerza ejecutiva la disposición del mandatario.

Pueblo el de Chicago con ese poderío étnico
que impulso tan maravilloso ha dado á la nación
norte-americana, realiza en estos momentos un
prodigio ante el mundo civilizado, por lo mismo
que carece de condiciones bastantes para abrir
un Certamen Universal. Su situación topográfi-
ca, sobre todo, la anulaba para tan magna empresa; á 960 millas de Nueva York — lugar que
debió ser elegido — é internada en el territorio,
inexperta, además, todos los elementos, excepto
el del capital, le eran adversos. Y, sin embargo, la Exposición se ha hecho á la orilla de su
lago poderoso, y con indiscutible éxito; por más
que le dañe el recuerdo de recientes certámenes.

Le ha faltado á esta Exposición la estética del
conjunto, es decir, la forma de presentar de golpe al espectador, un cuadro deslumbrante, como
acontecía con la de París, y sobre todo, algo
muy extraordinario, muy raro y original, que le
hubiese dado fisonomía propia, un *clou*, termine-
mos, una torre Eiffel. Sin disputa, entonces se
reconocería la superioridad de la Exposición de
Chicago que, parcialmente y en muchas instalaciones, ha vencido á la orgullosa ninfa del Sena.

Pero ¡ah! los americanos no tienen los artistas

que encierra París, los cuales muestran aquí mismo su talento en las secciones destinadas á Francia. Chicago tiene agua para ser marino; montañas para ser terrestre; vida propia para ser independiente; pero carece de historia poética para ser artista. Y el arte vence en las Exposiciones.

De ahí, que los palacios de ésta, que han costado sobre diez millones de pesos, y el plan general de ella, si tienen la grandiosidad, el lujo, la riqueza, se ven faltos de ese don impalpable de la gracia, de ese espíritu exquisito, hijo único del cielo, que se pasea por el Bosque de Boulogne y los Campos Elíseos; don de gracia y espíritu de alma belleza que sentimos aun los que no nos hemos serenado al pié del Arco de Triunfo.

Nada existe completo, y lo que le falta al uno, al otro le sobra, y vice versa. Por eso decía con un símil gráfico, una ilustre paisana nuestra, que este pueblo representaba el tipo varonil, crudo, fuerte y poderoso, y el francés, la esencia femenina, en lo que tiene de espiritual y delicado.

El pueblo ejemplar, surgiría de la fusión de estas dos razas.

* * *

Pero contemplemos la Exposición desde lo alto del edificio de Manufacturas y Artes Liberales, que es el mayor construido en el mundo hasta el día. Ocupa 31 acres de terreno y una extensión de 786 piés de ancho, por 1,687 de largo. Una

monstruosidad de hierro y cristal decorada suntuosamente al estilo corintio. Asegúrase que este
edificio es tres veces mayor que la iglesia de San
Pedro, en Roma. En su nave principal caben
75,000 personas, y en todo el bloque, 300,000.

Desde una altura inmensa miro el panorama
espléndido que ofrece el imponente edificio de
Administración, cuya cúspide parece irisada por
la noche con regios collares de pedrería eléctrica;
los soberbios palacios de Maquinaria, de Electricidad , Pescadería , Horticultura , Gobernación ,
Minas y Minería, Agricultura, Música, de Señoras , Trasportación, Bellas Artes , Forestal y
Antropología; el Muelle, el Casino, los edificios
de las naciones extranjeras, los de los Estados
y los de instalaciones especiales, todo ello cruza-
do por avenidas, islas de árboles y flores en que
imperan los pensamientos y los tulipanes; canales traidos del lago Michigan sobre los que cru-
zan alígeras góndolas y botes movidos por la
electricidad. Disputan mi contemplación, fuentes
coronadas por grupos alegóricos; la estatua de la
República, bañada en oro, que eleva sus 60 piés
sobre un pedestal de 40; la estación central del
ferrocarril, que arroja múltiples visitadores, y más
allá, *Midway Plaisance*, que ocupa un parque de
80 acres, desde el de Jackson, en que está la Ex-
posisión, hasta el de Wáshington, y donde se exhiben, separadamente y con su sabor local respec-
tivo, productos y distracciones y especialidades

del Cairo, el Japón, Dahomey, Java, Viena, Turquía , China, las Indias y otras naciones , dominando el centro de esta adición divertida, una rueda giratoria de hierro, de 250 piés de diámetro.

La concurrencia á la Exposición es en su absoluta mayoría, americana. Se ven pocos extranjeros. Mucho hombre serio, mucha mujer que bracea y alguna que otra alegre dama , de esas que heredan , sin previa defunción, como dice un escritor, la fortuna de cualquiera. . . . que no sea de esta sangre. Me admira observar este regocijo sordo, esta frialdad estóica con que los *yankees* celebran su enorme fiesta.

En el edificio de Bellas Artes y en el salón donde se exhibe el famoso cuadro de Rosales, *El testamento de Isabel la Católica,* ví una cara que reía por todas las de los americanos juntas. Me acerqué, y era... Menocal! Enseguida me llevó ante su cuadro, el mismo que tan brillante efecto causó en la Habana. Noté en el acto que algo le faltaba, y en efecto, Colón aparece ahora sin grillos...Menocal ha tenido que borrarlos, para que la comisión española que preside Dupuy de Lome, le permitiera colgar el lienzo. Después de dos meses de lucha, Menocal se ha rendido. . . .

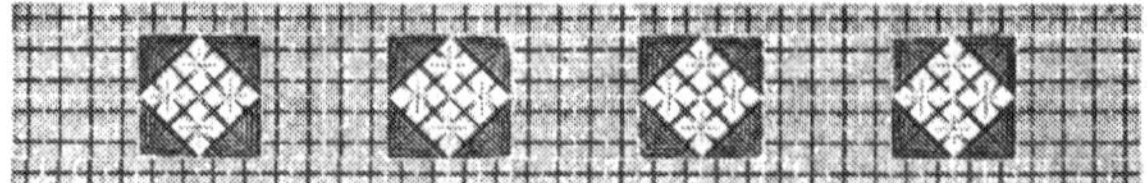

Women's Building.

AL describir parcialmente los edificios de la
Exposición, será acto de cortesía, á la vez
que de justicia, conceder la preferencia al
Women's Building, ó edificio de la mujer, no
sólo porque á ésta se consagra, sino porque constituye una novedad. A mayor motivo de predi-
lección, es en ese departamento en uno de los
contados en que luce distinguidamente el nombre
de Cuba. Vése allí el resultado de las gestiones
hechas por la comisión de damas habaneras, para que el mundo conociese los trabajos muy
estimables de la mujer cubana.

En cambio, nuestros hombres han sido apáti-
cos hasta el grado de no exhibir el más rico producto de nuestro país: el azúcar. En el Palacio de
Agricultura aparece magníficamente representado el tabaco, en kioscos artísticos que construyeron los fabricantes y cuya descripción hizo el

Conde Kostia con su paleta inimitable; pero apenas se iergue allí una vara de la sin rival gramí-
nea que verdea en nuestros campos, y con dificultad se halla una sola muestra de nuestro
azúcar privilegiado; en tanto que, como aprove-
chándose de tal ausencia, la remolacha ostenta,
en instalaciones vecinas á la de Cuba, su dulce
mezquino y su fruto basto.

La mujer cubana nos ha hecho un servicio que
debemos pagarle con las más calurosas alaban-
zas. En el salón de Bellas Artes, la señora Elvi-
ra Martínez de Melero y la Srtas. Ángeles Adam
y Nazario, y el grupo excelso de nuestras poeti-
sas, desde la Avellaneda hasta Aurelia Castillo
de González, Mercedes Matamoros y Nieves Xe-
nes; y en las labores y manufacturas, otro más co-
pioso grupo de mujeres que ha sabido presentar
primores admirados, nos dan en aquel departamento un sitio de honor que no debemos dejar de
fijarlo, por lo raro.

Los Estados Unidos, como en todas las instalaciones, ocupan los más amplios y mejores pues-
tos. Aquí los de casa se han sentado los primeros y en los centros de la mesa, con enojo de
muchos comensales que apenas si les ha quedado
lugar en los extremos para meter su cucharada.
Pero hay que disculparlos, por ser en los *yankees*
inveterada costumbre la de abrir los codos y
arrollar lo que les estorbe. *Go head!*

País este en que tanta importancia ha adquiri-

do la mujer y en que tales prestigios y derechos
posée, era lógico que en su Exposición la dedi-
case uno de los más bellos edificios. Álzase el
Women's Building en un área de 200 por 390
piés. Su construcción fina y delicada, como si
respondiese al objeto destinado, es de estilo renacimiento; aparece frente á una punta de la isla
vegetal y circúndanlo arriates inmensos de tulipanes y pensamientos que forman un acolchado
en que ha tejido sus colores mágicos la naturaleza. Aquella extensión de combinados matices llega á parecer, no el producto natural de la
tierra, sino un mosaico de la industria florícola.
El edificio, blanco y aéreo, está decorado de cierta
pasta conocida por el nombre de *staff*, que se
compone de una mezcla de yeso, cemento y he-
nequén, más ligera que el pino y á prueba de
agua y fuego. La cantidad usada de este material en los edificios principales de la Exposición,
se calcula que es igual al de una pared de cuatro
pisos de alto y de diez millas de largo.

La planta baja del *Women's Building*, en su
salón central, está dedicado á las Bellas Artes,
en las que, á fuer de imparciales, declarar debemos que no brilla la mujer sino con fulguraciones intermitentes.

En pintura, ningún estudio brillante presenta
el bello sexo americano. Francia cuelga el lindo
lienzo de Mme. Bosgkerseff, *Jean et Jacques*, presentado en la Exposición del 89 y que hemos

visto reproducido antes de ahora en las primeras
ilustraciones de París; Inglaterra, un cuadro vivo
de escena militar, con la firma de Lady Butler;
y Alemania, una creación fantástica de Her-
mine Preuschen, mejor concebida que ejecuta-
da. El asunto es un delirio de poeta: el paseo
de una muerta joven y hermosa, por mar y en
góndola. Aquella virgen se tiende sobre una
cama de flores y bajo un velo transparente que
deja entrever su perfil pálido y arrobador. El
peine de la góndola mira á un horizonte gris,
y la nave, sin guía y empujada por la corriente
hacia la eternidad insondable, surca la hora triste
de un crepúsculo . . . .

En escultura, sólo descuella una *Ofelia* en
mármol, de Sarah Bernhardt. La languidez, la
ternura, la cándida y melancólica faz de la heroi-
na shakesperiana, plácida como un canto de dormir, se han apoderado de la piedra, la que ha ce-
dido flexiblemente al cincel genial de la célebre
trágica.

La mujer americana, más que en labores, se
presenta al certamen con pantallas y marcos,
pinturas sobre porcelanas, cerámica, muñecas,
fotografías y grabados en cobre. Ha querido
ostentar su fuerza varonil hasta en los más rudos trabajos, que eran exclusivos del hombre.
La mujer en los Estados Unidos sigue invadien-
do todos los campos y parece su tendencia la de
producir una revolución en el orden de la so-

ciedad. Pretende ya contender con el hombre hasta en la fortaleza, y así, se ven por las calles, en las oficinas, en los talleres y en las fábricas, matronas jóvenes de constitución gimnástica.

¡Oh, no sigan tales huellas las mujeres cubanas; continúen siendo femeninas! Este esfuerzo, este combate, este asalto de la mujer, la hará sin duda competidora del hombre, capaz de los mayores atrevimientos, doblemente útil en la vida práctica, pero tiende á despojarla de la exquisitez y de la debilidad que han sido su encanto.

¡Adiós las Margaritas y las Ofelias, adiós las ninfas inspiradoras de ayer, las dulces y tiernas amigas de hoy que hicieron sensible nuestro corazón y grande nuestro entendimiento! ¿Para qué ya la lucha por la existencia, la ambición, la sed de gloria, los deleites infinitos del amor? Poneos, señoras, el mandil y domad el hierro; ya sois iguales á los hombres; pero ¿habeis hecho un bien á la humanidad? ¡Ah, no, verdugos, habeis matado la poesía, el arte, el amor, lo único tolerable de la vida!

Algunas señoras americanas, más femeninas, han presentado riquísimas obras de costura, bordados sobre cabritilla, con piedras, y objetos de ingenio y paciencia, como un abrigo, gorra y manguito hechos con plumas de pollo, por la señorita Viola A. Fuller, y que se tasa en $5.000.

La instalación de España es en este departamento curiosa y varia. Los nombres de la Ave-

llaneda y Santa Teresa de Jesús, Concepción
Arenal y la Fatina, decoran las vidrieras. Exhí-
bense obras de lausí, al pasado, encajes de relieve, crochet y espino. Llaman la atención los
bordados, porque irremediablemente aparecen
sobre casullas. El que no conociese nuestro clásico fanatismo, lo deduciría de tanta labor desti-
nada al *culto*.... En la sección española, Barce-
lona se lleva la palma con sus relieves en batista.

Son los encajes los trabajos más exquisitos de
la mujer en casi todos los paises. Francia, cuyo pabellón tiene la esencia y el refinamiento de
su vida, exhibe los negros encajes de Chantilly
y un abanico de los de Alençón, que es una
maravilla. Bruselas, los de Brujas, en mantos
de valor fabuloso, é Inglaterra, los que tan alto
precio alcanzan en el mundo.

Alemania – que no figuró en la Exposición del
89 – como un desquite, se ha presentado podero-
samente. Sus mujeres han enviado magníficas
obras. En esta nación, como en los Estados
Unidos, la beneficencia y la enseñanza se han
confiado á la mujer en mucha parte, y son dignos de estudio los modelos que se exhiben de
escuelas y hospitales regidos en absoluto por ella.

Austria, Italia, Suecia, Noruega, Bohemia,
Australia, la India y otros pueblos repiten, en
grado más ó menos rico, y según su cultura, los
mismos trabajos á que con preferencia se dedica
la mujer en todas partes, excepto en los Estados

Unidos. ¿Será que excepcionalmente y por ofrecer una nota de originalidad, — como ya lo es el *Women's Building*, — se presenta aquí la mujer americana en forma á veces tan inapropiada? Si es así, suspendemos todo juicio concluyente. "¿Puede ni debe juzgarse de una época, por la sorpresa de un día?"

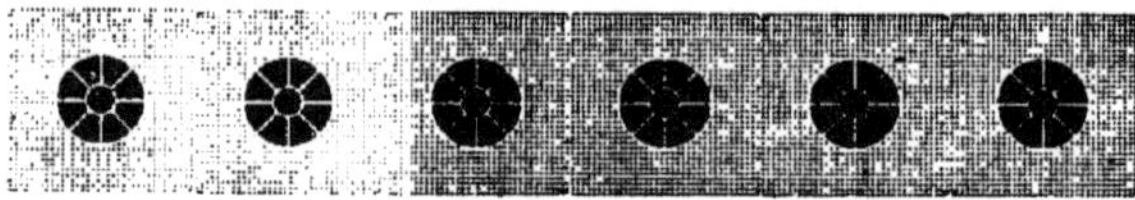

Palacio de Maquinaria.

AL penetrar en el edificio de las máquinas, uno de los importantes de la Exposición, como que encierra mucho de lo más y lo mejor en que se distingue la actividad y el ingenio norte-americano, me asalta la frase de aquel que no sabiendo expresar las grandezas del océano, dijo:—"¡Mucha agua!"—Tócame hoy decir:—"¡Mucha máquina!" Pensemos en las que podrá contener un edificio de 500×800 piés de dimensiones, que cubre un área de 17.5 acres, con un anexo que mide 590×550 piés y un taller de 146×250.

Este edificio se destaca originalmente en el extremo sur de *La Ciudad Blanca*, y lo sostienen tres armaduras arqueadas que le dan el aspecto de tres casas de trenes.

La estructura donde aparece colocada la máquina que surte la fuerza motriz, mide 100×460 piés. Aquí se hallan los motores para el consumo general de la Exposición. Uno de ellos es cerca de dos veces mayor que la célebre máquina de Corliss que se usó en el Certamen del Centenario, en 1876.

Después de observar cuidadosamente las galerías iluminadas por los rayos del sol que filtra la techumbre de cristal, nos convencemos de los adelantos prodigiosos de este pueblo en las aplicaciones del vapor. Poco se ha inventado que cause asombro; no nos quedamos maravillados ante alguna nueva máquina que resuelva el problema de llegar á viejo ó de vivir sin comer; nada nos dice que se llegue á la inmortalidad física por medio de algún aparato automático que aproveche con resultado práctico la *electricidad azul* de Mattey; pero ya es mucho ver una combinación mecánica que nos ahorra el hacer cálculos en las cuatro reglas, hasta trece cifras; máquinas que cosen solas, sin el auxilio de pedal; cuchillas que cortan cincuenta trajes en un minuto; y cajas cilíndricas de imprimir que, á la vez, funden el plomo, hacen la letra, la estereotipan, componen y tiran.

He gozado ante el lujo con que se exhiben la tipografía, litografía, zincografía é impresiones en colores, en una palabra, con los elementos de la prensa. El periódico es en los Estados Unidos una fuerza palpitante y poderosa de la nación, que se busca y lée por todas las clases, siendo los escritores verdaderos personajes del país, perseguidos por la fortuna, además de la consideración pública que les favorece. No es la prensa, como generalmente ocurre en nuestro país, el angustiado papel que nadie mira y proteje, ni el escritor el mísero obrero que la suerte abandona y la contrariedad y la calumnia persiguen, hasta el grado de que en la misma clase periodística – sensible es confesarlo – causa asombro, cuando no envidia y dolor, la relativa prosperidad de un compañero que al fin ha resuelto el problema de comer á diario y vestirse de limpio. Este, llega á ser execrado por la masonería del pan duro y del mugre, que le niega toda virtud y todo mérito; porque parece que en Cuba, para ser honrado y poseer talento, es preciso comer mal y vestir sucio. El periodista en nuestro país – hablo en tesis general – ve con ojos gratos subir y medrar á Juan de los Palotes, y hasta le empuja con ardor; pero se resiste á que se levante el amigo que con él pasó las noches trabajando sobre la estéril cuartilla.

Esto es culpa, no tanto de los celos del oficio, como de la insignificancia y pequeñez en que hemos considerado siempre nuestro valer público, y que por anomalía psicológica nos hace creernos sometidos á perdurable adversidad. Ya es hora de que tornemos la vista á pueblos como los Estados Unidos, donde la prensa ocupa tan encumbrado poderío, y el prestigio de los periodistas son ellos mismos los primeros en mantener como honra propia.

En el pueblo del *Herald* y del *World*, no es novedad ver multiplicadas instalaciones de máquinas que tiran 12.000 ejemplares por hora, cortan el papel, pliegan el periódico y lo ponen, en paquetes contados, en las manos de la chiquillería vendedora. Las máquinas perfeccionadas de Mergenthaler Linotife y compañía, de New York, á un tiempo hacen la letra y componen en renglones estereotipados, por medio de una sencilla maniportación sobre un alfabeto como el de las máquinas de escribir. No han de mirar los tipógrafos con buenos ojos, estas cajas cilíndricas que ahorran el tiempo de trabajo en un 300 por ciento.

Ese es el objetivo perseguido en mil instrumentos: ahorrar la mano de obra obteniendo más producción. ¡Cuántos aparatitos he visto que serían en Cuba aplicados con utilidad! Y en ningun país más beneficiosos que en el nuestro, por la carencia de brazos que existe para toda clase de labores; particularmente, en lo que atañe á la agricultura. Pero de esto he de ocuparme en su oportunidad.

En algunas máquinas, los Estados Unidos modifican ó perfeccionan las ya conocidas de Francia, Alemania é Inglaterra, cuyas secciones son las más notables en este palacio, en la gradación citada. Pocos paises se aprovechan de las ideas de los demás, como el *yankee*. Francia y Alemania inventan, y él aplica, mejorando el invento muchas veces.

Los Estados Unidos acaparan todo lo bueno del extranjero; es ecléctico, porque no es clásico, porque carece de historia; y lo que con las máquinas ocurre, pasa aún más ostensiblemente en otros órdenes, en el artístico sobre todo. De ahí que muestre en su arquitectura una fisonomía, por lo múltiple, abigarrada, y que en sus estatuas y cuadros tenga que recurrir á los modelos europeos, los cuales suele copiar con desgracia. Pero á modo de compensación, compra y paga caro los más famosos ejemplares del arte, y como, si no gusto, dinero le sobra y espíritu de absorción, no es lejana la época en que guarde en sus museos nacionales y particulares, cuanto más excelso haya producido el genio del hombre. Algo de esto surje ya en el Palacio de Bellas Artes, sobre el que no poco he de hablar muy en breve.

Si el hombre no descubre nada, hasta que lo necesita ¡cuántas son las necesidades nuestras, á juzgar por la multiplicidad de descubrimientos menores que encierra el *Machinery Building!* Allí tenemos máquinas para todo. Para picar carne, moler granos, cernir, coser libros, tejer medias y mantas, bordar, hacer guantes y corsets, hilar el algodón y hacerlo pieza de crea, telares para la seda, para cintas y géneros de vestir, para el listado y el cañamazo, para manteles, tapetes y alfombras, grabar maderas y metales, hacer taladros, tornillos, lentes, serrar, pulir, &,&.

La clasificación oficial de este departamento presenta 86 clases distintas, divididas del modo siguiente: motores, aparatos hidráulicos y neumáticos; bombas de incendio y accesorios para apagar fuego; herramientas de máquinas y máquinas para trabajar metales; maquinaria para fábricas de tejidos de lienzo y paños; maquinaria para distribuir tipos de imprenta, imprimir y estampar en común y en relieve; tipografía, zincografía é impresiones de color (ya se obtienen tres, simultáneamente); fotomecánico y otros procedimientos de ilustrar; herramientas de mano; máquinas para trabajar piedras, barros y minerales; y maquinaria usada en la preparación de alimentos.

Todas, como se ve, máquinas de paz, de progreso, de vida. Y este es un distintivo de la Exposición Colombina de Chicago, que aparece sin armas ante el mundo armado; sin exhibiciones mortíferas, ante los países europeos que hacen alarde, en sus pabellones, de su constitución militar. Alemania exhibe, en un edificio aparte, construído exprofeso, sus tremendos cañones Krupp, y en Manufacturas y en Trasportación, el espíritu bélico que parece fulgurar en los retratos de Guillermo II, con que decora sus galerías.

Londres, Viena y París, en sus Exposiciones pasadas, ostentaron, como un deslumbramiento y una amenaza, sus Armstrong, sus Krupp y sus Lebel. Los Estados Unidos, aunque fuertes en su riqueza militar, casi esconden sus fusiles y cañones, y parecen decir al resto del mundo: — Yo soy fuerte, grande é inexpugnable por mis hombres, que son patriotas sin segundo, no por mis armas que con ser potentes como las que más, aun pueden ser superiores. Parece recordar la fragilidad del genio de la defensa y del ataque, que, en cuanto á la primera, fueron inútiles la co_ raza con que se cubrió el pecho el primer guerreador; el pedernal y las pieles del siguiente; la cota, la armadura, las botas escamadas, los guanteletes, la reja sobre la cara y la crin sobre el colodrillo, de los que sucesivamente fueron buscando vallas contra el ataque; porque éste fue sustituyendo, á medida de la necesidad, las uñas, por la punta del árbol; la punta, por la porra; por la porra, el dardo; por el dardo, el cuchillo, la espada, la lanza; y por éstos, la polvora; y todos igualmente inútiles.

Parece que este pueblo bisoño les dice á los veteranos: — "Ahí os doy hierro, el que perfora las montañas y rueda de confín á confín; ahí os doy pólvora y dinamita, las que ensanchan las minas y los túneles."

Doña Eulalia.

ACABA de pasar el *Día de la Infanta*. La
Exposición lleva un calendario peculiar, cuyos días serán otras tantas efemérides de
sus actos más notables, y el de hoy se ha consagrado á doña Eulalia. No puedo traducir con
frases justas el entusiasmo, el frenesí que despierta en este pueblo, tan de suyo frío é indiferente.
Cuando su presencia se anuncia en algún sitio,
por el movimiento aparatoso que la precede, las
gentes gritan al unísono: —*¡Here she comes!*—"¡Ahí
viene!"—como se decía en la Habana; lo que
prueba que la curiosidad popular es idéntica en
el Trópico como en el Septentrión.

Los periódicos de Chicago más radicales en
ideas, consagran á la Infanta columnas enteras
de elogios, relatando con inquisitiva minuciosidad
su historia pasada y su vida presente desde que
deja el lecho hasta que lo toma, haciendo patrón

de sus vestidos, modelos de su elegancia y anéc-
dotas de sus frases. ¿Significan estos homenajes
una apostasía, un heretismo de la prensa republi-
cana? No lo entienden así los periódicos de toda la Unión, que incensan á doña Eulalia más que
en parte alguna. Ellos, alaban á la mujer interesante, á la dama distinguida y afable, sin que les
preocupe su jerarquía monárquica. Tanto, que
apenas si se refieren á don Antonio, en lo que no
tenga una conexión directa con su esposa.

Y comprobemos lo dicho con los hechos.

* * *

Los Infantes llegaron á esta ciudad, directa-
mente de New-York antes de ayer, á las nueve
de la mañana. Un tren especial — en el que
pude tomar sitio — fué á recibirles á *Grand Crossing*, estación próxima al *Union Depot* de Chicago. Iban en ese tren, el ex-Mayor Wasburne,
en representación del Mayor de la ciudad, Mr.
Harrison, (no sé si familiar del ex-Presidente);
Mr. Chatfieltd Taylor, Cónsul español; el Sr. Dupuy de Lome, Comisario General de España en
este Certamen; D. Rosendo Fernandez, representante de la Cámara de Comercio de la Habana,
y otros individuos á quienes les oí hablar en
castellano. Estas personas pasaron en *Grand
Crossing* á saludar á los Infantes. El Comandante Mr. Davis hizo la presentación de Mr. Wash-
burne, que besó la mano á doña Eulalia. La

Princesa se volvió luego al grupo de sus compatriotras, diciéndoles: — "Me complace ver tantos españoles aquí."

Pocos minutos después, llegaba el *Pensilvania Railroad* á *Unión Depot*, donde aguardaban el Mayor Harrison y los Regidores; piquetes de alta policía y de la milicia popular; el Duque de Veragua y su familia, y la muchedumbre que puede dar, en día de espectación extraordinaria, un pueblo que tiene tantos habitantes como la isla de Cuba.

El Mayor Harrison, que estrenaba su primer sombrero de copa, — de lo que ha sacado la prensa comidilla para satirizarle y motivo para traerle en ridículas caricaturas — mandó descubrir á la multitud. Sólo obedecieron los Regidores, los cuales, con los dedos cargados de sortijas, batían palmas. Mr. Harrison besó ceremoniosamente la enguantada mano de doña Eulalia. Esta, reconoció con cariño al Duque de Veragua, que ha partido ayer para el pueblo de Columbus, Estado de Oregon, con objeto de visitar durante dos dias la ciudad que lleva el nombre de su insigne ascendiente y de seguir al Niágara, partiendo luego para Europa.

Rodeaban á los Infantes, el Ministro de España en Wáshington, Sr. Muruaga, (un hombrecillo de mostachos blancos y de impenetrable solemnidad); el Comandante Davis, su esposa y su hija; el Duque de Veragua y su familia; la marquesa de Arco Hermoso, el Duque de Tamaines, el señor Jover y las comisiones oficiales de Chicago.

Mr. Harrison, – que lleva casaca á lo Príncipe Alberto – ofrece el brazo á doña Eulalia, y al montar ésta en el soberbio *landeau* del Presidente General de la Exposición, Mr. Poter Palmer, se oye una descarga de fusilería y á la inmensa muchedumbre que grita sin cesar: – *¡Hurrah for the Infanta!* Subió al *landeau*, después de doña Eulalia, don Antonio, y enseguida, Mr. Harrison.

Les imitó la comitiva, y abrió la marcha la escolta de caballería, cuyos ginetes llevaban en el casco vistosos plumajes amarillos. Al pasar los Príncipes por la Avenida Michigan, los buques de guerra que aparecían anclados en el lago, hicieron una salva. Hombres y mujeres formaban compactas filas en las anchas aceras del trayecto, y blanqueaban el aire con los pañuelos. Doña Eulalia correspondía á tan magnífico recibimiento, con sonrisas y saludos.

A las once se detuvo el *landeau* ante el pórtico del *Palmer House*. Se han instalado los Infantes en un departamento del primer piso, que se aisla del resto del hotel. Esas habitaciones están suntuosamente decoradas y tienen una severidad antigua. En ellas, residieron don Pedro II del Brasil, la Princesa Luisa y cuantos personajes reales han visitado esta ciudad. Junto al

salón principal, llamado egipcio por su carácter
decorativo, está el gabinete de doña Eulalia, al-
hajado con magnificencia. El lecho es un mueble señorial de madera calada, con blondas de damasco. En él habrá reposado doña Eulalia, entre
sueños de púrpura. Ella es muy joven aun; todavía sueña....

* * *

Cuerpo cenceño y delicado el de la Princesa,
parece fácil á rendirse; pero es infatigable: doña
Eulalia disponíase aquella misma tarde á visitar
la Exposición, y sólo desistió, por cumplir con el
programa oficial que consta de tres días de fes-
tejos; dejándosela después en libertad para que
disponga en absoluto de su persona.

El día de ayer ha consistido en un almuerzo
en casa del Mayor Harrison, al que asistieron
las damas y los caballeros más distinguidos de
Chicago; recepción á la una y media, y comida
por la noche en casa del importante hombre público, Mr. Higinbotham.

Pero el día fastuoso, el *Día de la Infanta*, ha
sido el de hoy.

A las once salieron del *Palmer House* los Infantes, acompañados, en el coche, del Mayor
Harrison y el Duque de Tamames, y, seguida-
mente, de las demás personas que forman su comitiva.

En las calles, apiñábase la multitud como el día
del recibimiento, y apenas pasaba el coche de

los Infantes, asaltaba los ferrocarriles, los vapo-
res, los ómnibus, los carruajes, todos los medios
que podían conducirla á los terrenos de la Exposición.

De 15 á 20 mil personas que diariamente la
han visitado, ha subido hoy la cifra á 200 mil.
Lo que no podían tantas maravillas como encierran el parque de Jackson y *Midway Plaisance*,
lo pudo la curiosidad, la *novelería*, como nosotros
dijéramos. Un mes que visitaran los Infantes
la Exposición, y la temida bancarrota se con-
juraba.

Mr. Harrison hizo entrega de los ilustres huéspedes á Mr. Palmer, que los aguardaba con su
bellísima consorte, Mrs. Bertha H. Palmer, Pre-
sidenta de la Junta de Señoras.

Doña Eulalia recibió, encerrada en lujosísima
caja, una tarjeta de oro, de cuatro pies de largo
por tres de ancho, con la siguiente inscripción:

THIS WILL ADMIT
HER ROYAL HIGHNESS
THE INFANTA EULALIA OF SPAIN
AND WHOMEVER MAY ACOMPANY HER TO THE GROUNDS
OF THE
* WORLD'S * COLUMBIAN * EXPOSITION *
*T. W. Palmer, W. C. C.—H. N. Higinbotham, W. C. C.—Geo.
R. Davis, Dir. Gen., W. C. C.—*CHICAGO, 1893.

Dirigiéronse á *Administracion Building*, cuya
rotonda véiase decorada con palmas y banderas
enlazadas de España y los Estados Unidos. No

sólo ha sido el día de la Infanta, sino el de España. En todas partes, el rojo y el gualda se ha visto flamear. Las señoras llevaban en el pecho lazos con los colores nacionales, como muestra de simpatía á la nación descubridora.

Doña Eulalia atravesó el edificio de Administración, sobre una alfombra tupida de pensamientos. Las mujeres apresurábanse á recoger del suelo las flores que hollaban los piés de la Princesa, como si fuesen ya cosa bendecida.... En ese edificio se dispuso el almuerzo. Mr. Palmer ocupaba el puesto de honor al lado de doña Eulalia, y su esposa, junto á don Antonio.

Concluido el almuerzo, pasaron á visitar el edificio de las Señoras, deteniéndose en la instalación de España, que es una de las pocas salientes con que figura la Metrópoli en este Certamen. Una banda de música dejó oir los sones de la Marcha Real. Casi no la conocíamos en los instrumentos republicanos, de lenta y sonsa que se ejecutaba.

La concurrencia era enorme, y sin embargo, dejaba paso facilmente á la comitiva. La avalancha de personas era contenida por una barrera formidable: por una cinta amarilla y punzó. El que se permitiera arrollar aquel blando dique, sería expulsado del local violentamente. Por eso un pensador opina que á la libertad puede llegarse muy pronto por medio de ciertos despotismos.

De la sección de España pasaron los Infantes
á la Asamblea de Señoras, recinto al que se tenía
acceso por rigurosa invitación. Pude presenciar la brillante ceremonia en que Mrs. Palmer
hizo entregá á D.ª Eulalia, en nombre de las
mil señoras que ocupaban el recinto. de un ri-
quísimo *bouquet* con las flores más hermosas de
Chicago.

Cien damas, rígidas, secas y ceremoniosas,
pasaron por delante de doña Eulalia, rindiéndole
un saludo de corte. . . .

* * *

Para cerrar el día singularmente, por primera
vez se iluminaron todos los edificios de la Exposición. ¡Qué espléndidas corrían las luces eléctricas, alimentadas por una máquina de 24,000
caballos de fuerza, sobre aquel pueblo de palacios! Los focos bordaban, ya el capitel corintio, ya el pingorote gótico, ya la voluta jónica,
bajando sus fulgores á las líneas del lago que
surcaban góndolas azules, y á las aguas de la
gran fuente central que hervía entre el chorreo
de sus caños expulsivos.

Y cuando la pirotecnia eleva y rompe en el
espacio sus millones de estrellas, sus lluvias de
fuego, sus iris, sus tornasoles, que rielan en el
líquido apacible del lago y espejean en los al-
borotados cristales de la fuente, — acompañada
esa majestad de luces, de las detonaciones de

las bombas y de los ecos de la música — entonces el espectáculo asombra y en los ojos queda
por largas horas aquel chisporroteo maravilloso,
aquel panorama que no quisiéramos ver desvanecerse, y en los oídos, el concierto extraño del
estampido y de la nota.

Y más solemne aún, el pitar estruendoso de
las locomotoras del Palacio de las Máquinas,
con que se puso término al día. Era aquel otro
concierto, el concierto inacorde, pero grandioso
y épico, del vapor, como complemento del triunfo
de la luz eléctrica.

(Junio 8).

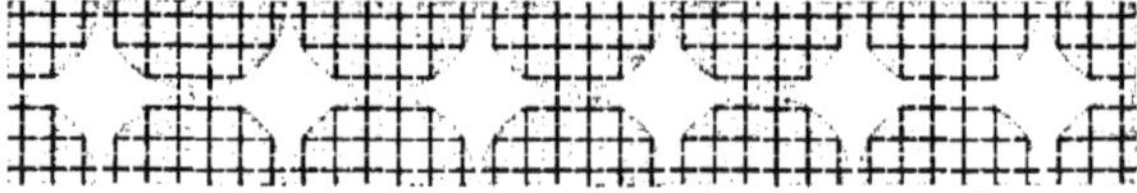

Palacio de Trasportación.

ARA que no quede rincón que no esté en carácter en este edificio donde se exhibe todo género de trasportes, en él traspórtase el ánimo á la edad romanesca, cuyo estilo de arquitectura reproduce la construcción. La entrada dominante fórmala un arco inmenso de molduras superpuestas, que van cerrándose cual si fuesen blondas de encajes que dejan hueco á una puerta gacha, la cual semeja el medio punto de un gran pórtico hundido. Decoran la fachada bajo-relieves y paisajes murales representativos del objeto del Palacio. "La Puerta de Oro," llámase á la descrita, por el fulgor brillante de las hojas engarzadas en aquellas molduras que tienen la trama de un recamo bizantino.

Este edificio rompe la blanca uniformidad de los otros, por el tono marrón de su pintura que intenta imitar la policromia antigua. Grupos

y estatuas dan guardia al Palacio, y en el término superior de las paredes, figuras aladas desa-
tan cintas en las que brillan los nombres de los
más ilustres y valerosos viajantes: Colón, Leif
Erikson, Vasco de Gama, Hedley, Fitch, Oliver,
Evans, Jervis, Borsig, Cabot, Cooper. . . .

Todas las galerías, con el vastísimo anexo en
que se ha instalado el material ferroviario, ocupan 20 acres de terreno, constituyen dos pisos y
ostentan en el centro una cúpula majestuosa, con
ocho elevadores para ascender á ella. El costo
del Palacio ha excedido de medio millón de
pesos.

Y ya estoy recorriendo las instalaciones. La
idea de este edificio es otro distintivo de la Exposición Colombina: una muestra ostentosa de
los medios de trasporte en todo los paises; el
proceso histórico de sus evoluciones, desde la
primitiva conducción del hombre y de las cosas
por el hombre; luego, por el bruto; más tarde,
por el viento y el vapor; hoy, por la electricidad,
y mañana, por la navegación aérea.

¿A qué país tocará la gloria inmarcesible de
este último invento? ¿A Francia, Alemania, Inglaterra?. . . . No pocos esfuerzos realizan sus
mejores matemáticos por dar con la solución del
problema; pero el resolverlo definitivamente,
parece reservarse al pueblo de los Fulton, Ste-
phenson, Franklin y Edison. He leído en un
periódico bien abonado, que un profundo inge-

niero de Chicago, ha dado en el quid, y que rápidamente lo dará á conocer al público. Dícese que este barco aéreo consta de 100 piés de largo y 25 de diámetro, es de forma tubular, de extremos cónicos y rígida envoltura; de tres toneladas de desplazamiento de aire, y que tendrá una propulsión de 30 á 40 millas por hora, en tiempo de calma. En fin, que el tal brujo ha resuelto las dificultades de la dirección, el equilibrio, la horizontabilidad y qué se yo qué otros tiquis miquis aerostáticos. No se precisa la fuerza motora que ha de emplearse, pero se supone que sea el *elektron* – que dijo Homero, para robustecer la persuación de que los poetas presienten y adivinan temprano las tardías conquistas de la ciencia – el *elektrum*, que llamaban los romanos, y la electricidad, que decimos hoy ante las fulguraciones de su mágica luz.

En Trasportación, es de rigurosa justicia reconocer el primer puesto á los Estados Unidos. Soy un juzgador incompetente, pero desapasionado, que mira y canta la verdad de lo que aparece ante sus ojos y su análisis; por eso, en mis crónicas, llevo un balancín justo que se inclina á este pueblo, en lo que tiene de grandioso, y se retira de él, en lo que señala sus deficiencias; que tan opuesto soy al optimismo rosado con que hablan del país de Wáshington aquellos que piensan en la anexión, guiados más por espíritu mercantil que por entraña patriótica, como á la sistemática malquerencia con que lo insultan los prevenidos por odios de raza ó recelos políticos.

Lo repito: los mejores trenes del mundo son los de este país. Las locomotoras soberbias de Inglaterra, construídas por la London North Western Railway, por James Toleman, por el sistema Webb's, cuyo grandor se mide por las ruedas, que alcanzan á ocho piés y nueve pulgadas de diámetro, y cuya elegante y fina labor se juzga por la máquina *Queen*, reina, en efecto, del mundo de los rails; las locomotoras germanas de Henschel & Sohn y Schichau, potentísimas á la vez que pulidas; y las francesas de la Compagnie de Fives Lile y la Societé Anonyme Franco-Belge , que sirvieron de modelo á *La Lison* del gran mecánico de la literatura contemporánea, no igualan á las que toman pujanza y belleza en las fundiciones de Baldwin y de Cooke.

Ni tampoco los wagones. ¿Cuándo serán comparables los carros europeos con los palacios Wagner y Pullman, en los que espejean el oro y la seda y se ha introducido el *confort* de los gabinetes urbanos? Hermosos y útiles, como el ideal de las creaciones. No falta en ellos el *parlor* ó salón de visitas, el de fumar, el de lectura (con preciosa biblioteca), de escribir, de comer, barbería, baño.... Sólo discrepo del más esencial, del *sleeping*, por ser molesto é insufrible en el verano. Los compartimientos de dormir son más lógicos en los trenes europeos. Vi un wagón de Inglaterra, en el cual cada viajero tiene su dormitorio independiente, en un camarotito. Eso es más cómodo y honesto. ¡Cualquiera noche se acuestan nuestras paisanas en Cuba, en un carro abierto, teniendo un caballero en frente, del que sólo las separe un tabique de género! ¡Y con aquella brisa que mueve y sopla!....

En el grupo concerniente á los ferrocarriles, presentan los Estados Unidos 250 expositores, por lo que puede calcularse el número de locomotoras de esta sección. Chicago, centro ferroviario, tenía que descollar en punto tan culminante de progreso. Sus vías prolíficas le han dado la importancia que tiene; ellas le pusieron en el casco de su estatua el ave fénix que renace y perdura. Existen tres cosas, según Bacón, que hacen grande y próspero á un pueblo, y las tres las reune Chicago: un suelo fértil, talleres para el trabajo y fácil comunicación de hombres y productos, de un sitio á otro.

Asombra y maravilla el estado creciente de desenvolvimiento en los medios de locomoción. La Compañía de Trasportes de Baltimore y Ohio ha expuesto el transformismo del hierro, desde la retorta que con pretensiones de máquina, y con el nombre de *Newton*, se construyó en 1680; la *Cugnot*, más adelantada, de 1769, y las todavía con ruedas sin pestaña de principio de este siglo, que se parecen en sus chimeneas á nuestras viejas cafeteras de latón; hasta las armaduras gigantescas de hoy, de empavonadas calderas y cilindros de fulgente acero, cuyas piezas giran unas sobre otras con blandura de caricia, sin una frotación áspera, sin más ruído que la respiración bronca del *hogar*, que es el pecho de las máquinas.

Comprendidos en el departamento de Trasportes, se hallan las construcciones que han hecho, aparte, el New York Central y el Pensilvania R. R., para exhibición particular de su poderío. Esta última empresa posee un capital de 675.000,000 de pesos, y sus líneas, colocadas unas detrás de otras, darían la vuelta al mundo, sobrando aún rails para doblar el cinturón desde New York al Pacífico.

En el grupo de la locomoción urbana, he visto variedad de sistemas ya en práctica en las calles americanas: de cable — sistema en el que, según entiendo, posee Chicago la gloria de haberlo establecido la primera — carros eléctricos, tranvías para caballos, y elevados.

En los carruajes de lujo, casi compiten los E. Unidos con Francia, Inglaterra y Austria. Los *mail coach* y victorias de la casa Kimball, de Chicago, no envidian mucho á los cupés, faetones y landós exquisitos de Muhlbacher, de París; Laurie y Marner, de Londres; y Armbruster, de Viena. Estos carruajes se hicieron para recibir en sus cojines adamasquinados y guardar

en sus capachos de laca, á las princesitas del
faubourg, y no les cuadra más piso que un piso
de mármol y de ónix.   Da grima pensar que de
esas delicadas armazones, tiren, brutos fogosos.
¡Y me estremezco cuando pienso que pueden
rodar sobre los adoquines de la Habana!

La tierra exhibe cuanto la huella, y el mar,
cuanto lo surca. Aquí, la balsa, la canoa, la
nao incipiente, el trireme, junto á las opulentas
embarcaciones trasatlánticas y á los acorazados
enormes que se exhiben por medio de ajustadí-
simos modelos. Aquí, el *Fred'h Bitlings* y el
Delano yankees, alzando sus mástiles á la altura
de *La Bourgogne y La Touraine* franceses, y del
Britania y el *Etruria* ingleses. Alemania, Austria, Rusia, Bélgica, todas las naciones presentan
sus fuerzas marinas en modelos, mapas, fotografías, dioramas y grabados; la constitución de la
defensa de sus costas; sus puentes y canales más
atrevidos. La compañía constructora del Canal
de Nicaragua ha expuesto un vasto plano objetivo del mismo, con indicación, por medio de
líneas rojas, de los sitios canalizables, obra en
que parte tan principalísima tiene nuestro insigne compatriota Menocal.

¡Qué potencia inagotable la del sér humano
para trasmitirse y cambiarse ideas y productos!
El viaje: he aquí la fuente más saludable de cultura. Dice Macaulay que de todas las invenciones, exceptuando el alfabeto y la prensa, las in-

venciones que abrevian la distancia son las que
han hecho más por la civilización. Aun creo
que hubiera podido ser más absoluto el egregio
crítico, porque la enseñanza objetiva que graba,
de una vez y para siempre, el conocimiento material de una pintura, de una estátua, de un tapiz,
de un bronce, de una máquina, no la proporciona jamás el estudio centuplicado de una página.
Leyendo, queda la vaguedad, el perfil borroso,
algo no concluído; mientras que observando se
obtiene la conciencia fatal, la convicción plena.
Lo digo por mí, que ahora me doy cuenta exacta de profusos objetos que antes conocía imper-
fectamente de memoria. Y si á una Exposición
Universal como esta, acuden la civilización con
sus obras y la barbarie con sus hombres y costumbres, no escasa erudición sacará el que se
detenga, cartera en mano, en frente de cada
hombre y de cada cosa, los cuales, con su lección
práctica, provocan el deseo de estudiarlos en
las investigaciones teóricas.

No me canso de echar el ojo de la curiosidad
sobre todo. Me encuentro ahora con medios
de trasportación más raros y más interesantes,
antiguos y modernos. Reproducciones de carros
y barcos de la tumba del Acrópolis, Egipto,
cuyos originales se guardan en el Museo Etrusco
de Florencia; trineos de las llanuras heladas del
río Yokon; los palanquines que usó Mr. Shelden
en su expedición al Africa, en 1891; una carroza

·severa y pesada como un armón de circo, que perteneció á don Pedro II del Brasil ; canoas que surcan el río Demerara ; sillas alentejueladas de mandarín; globos cautivos que parecen demandar una libertad dirigible; carrozas de la reina Victoria, del Príncipe de Gales y del Mayor de Londres, que enseñan al pueblo, en sus portezuelas, este lema *humildísimo y modesto: Domini dirigenos*......; carretas y palanquines de la India; negra góndola veneciana de la centuria catorce, la embarcación más solemne y fastuosa que he visto, cuyo trono de terciopelo moruno está clamando por la figura aristocrática de los Dux; carruajes japoneses para niños, que también piden que los arrastre un pony; botes originales del reinado Fujirrara; arrieros en mula, de Bogotá; burros y llamas que hacen el tráfico en Sur América; carros de monte de las islas Madera; modelos de charros y jaeces mexicanos; vehículos nativos de Siam, que andarán hoy al trote temerosos del bloqueo francés; modelos de fortificaciones españolas, entre las cuales — no sé por qué — figuran las obras del Canal de Vento ; gumías toledanas — cuya presencia en Trasportación tampoco me explico— mapas plásticos pintados á la acuarela, del ferrocarril de St. Gothard, que cruza las montañas suizas; carros de uso en Constantinopla; palanquines de Jerusalem y modelos de barcos del mar de Galilea, del estilo y clase que se usaban

en tiempo de Cristo; y la volanta cubana, gentil
y señorial, que exhibe ¿ D. Joaquín Güell ? no,
Mr. J. H. Zeilin, de Filadelfia.

Únase á tan varias y pintorescas exhibiciones,
toda clase de arreos; miles de biciclos y trici-
clos, y para que nada falte, las camas de mimbres
con lazos de rosa y azul, que nos mecen en la
cuna, y los carros negros que nos conducen á la
tumba.

Paseaba yo por Trasportación y no concluía de
estar satisfecho. El charolado de los vehículos
y el brillo de las máquinas no eran propios: fal-
tábales el polvo del camino y el prestigio del
uso. Las locomotoras parecíanme hambrientas
de hulla; los barcos, sedientos de mar; los carruajes, anhelosos de alazanes; los tranvías, faltos de
cables y dinamos. Aquel reposo despojaba de
alma á tanto frío monumento, y en mi imaginación daba fuego á las calderas, impulso á las
hélices, velas y remos, acicate á los troncos y
vapor y electricidad á los tranvías; y en un instante, aquella masa de locomociones durmientes,
despertaba en medio de una fantasmagoría vital
y estruéndosa.

¡Qué espectáculo más nuevo!

Bellas Artes.

ESDE que puse pié en la Exposición, no he
dejado de visitar un solo día el Palacio de
Bellas Artes, tanto por inclinación de mi
gusto, como por ser este departamento de los
que necesitan, no de la ojeada á vuelo de pájaro
con que basta mirar otros productos para tener
juicio de ellos, sino del estudio detenido de cada
obra. Y ascendiendo á cerca de nueve mil las
que aquí se exhiben, puede calcularse el tiempo
de que ha menester, para siquiera verlas, quien
desee darse cuenta aproximada de su valor
intrínseco y de relación.

Construído el Palacio de Bellas Artes al más
severo estilo griego y con la mente de contra-
rrestar toda amenaza posible, no sólo es de una
belleza clásica propia, sino de una solidez que
le permitirá subsistir en el Parque de Jackson,
después de terminada la Exposición. Las

dimensiones del edificio principal son de 320 por
500 piés, con un espacio adicionado por dos
anexos que miden 120 por 200 piés cada uno.
El área total de las paredes destinadas para
colgar los cuadros, es de 146.850 piés cuadra-
dos.

Dan entrada al grave edificio cuatro majestuosos soportales, con amplias graderías corri-
das y rica ornamentación de escultura arquitec-
tócnica. El friso exterior de las paredes y las
molduras de las entradas principales, están
embellecidas de bustos en bajo-relieve, de antiguos maestros del arte. Estriadas columnas
jónicas elevan este hermoso palacio, sobre cuyo
dome central aparece, solemne y alada, la
estátua de la Victoria, como presidiendo las de
la Arquitectura, la Pintura, la Escultura y la Música.

Las estátuas se han colocado en la rotonda
dominante y en cuatro galerías espaciosas que
arrancan de ella, de norte á sur y de este á oeste; y las pinturas, en cuatro departamentos, sub-
divididos en salones, que esquinan el cuadrilátero
del pabellón central, y en los dos anexos antes
mencionados.

Por el catálogo oficial, los Estados Unidos
exhiben 2.991 obras, ó sea dos tercios de la
totalidad; Inglaterra, 1.130; Francia, 889; Alemania, 672; Holanda, 334; Italia, 304; Bélgica,
287; Nueva Gales del Sur, 290; Canadá, 196;

Suecia, 188; Dinamarca, 178; Noruega, 153;
Austria, 141; Rusia, 130; Brasil, 100; Japón, 26;
Costa Rica, 11; Argelia, 7; Guayana, 4; y Jamaica, 3. España – que por llegar tarde, seguramente, no aparece en el catálogo – exhibe unas 500.

En conjunto, como se ve, las Bellas Artes aparecen ricamente presentadas en la Exposición Colombina, ricas en número de piezas. ¿Puede afirmarse lo mismo en cuanto á su valor artístico? No lo creo, á pesar de mi inexperiencia. Innegablemente, la cantidad de obras es opulenta, las firmas de algunos grandes maestros se notan en estátuás y lienzos, alguno que otro cuadro que ha obtenido la consagración en exposiciones y museos, aparece colgado, jóvenes artistas siguen la buena escuela de sus mayores, en multitud de producciones; pero nada nuevo, nada original y grande surge que indique un progreso para las Bellas Artes. ¿Es que el ingenio humano ha producido ya el máximun de su potencia y se estaciona y estanca? Tampoco lo creo, aun cuando ni vestigios aparecen que marquen rumbo más alto á las exaltaciones de la inspiración.

Al contrario, parece que el arte baja hasta la industria, persiguiendo un mercantilismo bochornoso. En la pintura, ya apenas se ven las obras que inspiraron la historia, la religión, el patriotismo, la fe, los excelsos ideales de la humanidad;

el artista achica las dimensiones de la tela y baja al cuadrito de género pueril y picante, á propósito para decorar el gabinete de un burgués.

En pasadas épocas, el gusto y la adquisición
de las obras artísticas se reducían á la esfera de
los magnates y de los poderosos, para quienes
trabajaba el artista, al que servían de estímulo, á
la par que el interés de congratularse con el señor, los inmortales beneficios de la gloria. · Una
trusa y un pan bastábanle para la vida. En las
épocas modernas, aquella esfera se ha dilatado
para libertad y provecho del artista, al propio
tiempo que para despertar su ambición y herir
su fama. Hoy, quiere legítimamente ser el mag-
nate y encumbrarse por el producto de su genio.
Ahora, aspira á la elegancia y al regalo.

Y á tal punto llega ese espíritu mercantil que
invade la mayoría de los cuadros de la Exposición — los que parecen decir provocadoramente á
los *yankees* adinerados: *Se vende* — que, á las veces, dudamos si algunos son hechos por las firmas que los presentan. Porque no se concibe
que artistas que han adquirido una reputación
en magnas obras de asuntos geniales, estampen
su nombre al pié de un monigote.

Esas magnas obras con que se enorgullece el
mundo de la pintura, escasean, no tanto por im-
posibilidad, agotamiento ó decadencia de sus
autores, como por la dificultad que tienen éstos
de colocarlos en condiciones que les paguen

el caudal de tiempo y de labor empleado; y se
nos figura que si se producen es, más que por el
anhelo espiritual y generoso de la fama, por con-
seguir la ejecutoria de la firma, para darles después valor positivo ó metálico, á vulgares lienzos
que obtienen en el mercado pronta salida.

No se crea, por lo dicho, que faltan en el Palacio de Bellas Artes, obras de magnífica ejecución: modelos hay harto halagüeños de todas las
escuelas. Francia enseña su dibujo insuperable,
su maestría de la línea y ese *saber-hacer* que
idealiza y refina sus creaciones; Alemania y Holanda, su preocupación por el concepto, y España, su poder colorista.

Es forzoso convenir en que ésta es la única
nación que ha llevado al Certamen obras de indiscutible magnitud é importancia. El Museo de
Madrid envía el célebre cuadro de Rosales, *Isabel la Católica haciendo su testamento*, que, por
su factura clásica, de un clasicismo insuperable, ha
merecido primera medalla en todas las Exposiciones en que ha figurado desde 1854. Es la creación suprema en este Palacio, algo como una reliquia veneranda, ante la cual se detienen unciosa-
mente y con respeto místico los visitantes. Le
sigue otro cuadro de saliente mérito, *La conversión del Duque de Gandía*, de Moreno Carbonero. ¡Cuánta patética emoción y desconsuelo
emana de la escena en que, al descubrirse la ta-
pa que cubre el cadáver descompuesto de la

adorada reina, cae adolorida la frente del que
luego se llamó San Francisco de Borja, cuyo lema decisivo fué, al abandonar el mundo: "Nunca
más. Nunca más servir á señor que se me pueda morir."

Otro de los cuadros del Museo de Madrid, que
logra la atención de las *Miss*, por su ambiente
apasionado y romántico, es *Los Amantes de Te-
ruel*, de Muñoz Degrain. El fondo de este lienzo
es una maravilla de color. La ficción llega á
hacerse verdad; la tela del traje de Isabel, ondu-
la espejeando; los cirios que cercan al muerto
idolatrado, alumbran y chisporrotean, y en los
huecos del túmulo se nos figura que es posible
introducir la mano. Esa valentía de ejecución
hace olvidar los defectos de dibujo que pudieran
anotarse al discutido autor de *La Conversión de
Recaredo*.

El último cuadro de los remitidos por el Museo, es *El Viático á bordo*, cuyo asunto puede
deducirse por el título. Esta obra dióle nom-
bradía á Martínez Abades; pero confieso mi ignorancia: no me ha dado en los ojos, ni en el
alma.

Y ya, continuemos recorriendo los tres salones
de España, que son los más pequeños y obscuros
del edificio. España, en esta Exposición, como
en otras, ha acudido tarde y le ha tocado, por
ende, el peor sitio. La nación que hizo el descubrimiento que se conmemora, aparece pobre y

arrinconada, á pesar de los esfuerzos de sus co-
misionados oficiales.

Con una cantidad de cuadros superior al espacio que se le ha destinado, fué preciso colocarlos unos encima de otros, sin la separación
que debe mediar entre ellos, en lo más alto y bajo de las paredes y sobre los huecos de las puertas, circunstancias suficientes para matar la pintura de mayor vida. La luz es el alma de un cuadro, y así, los franceses han sabido construir el
techo de sus salones, á los que le llega tamizada
de manera que avalora sus lienzos. El cuadro
de Menocal, expuesto en la Habana tan brillan-
temente, aquí tiene por luz la opacidad de una
cueva; aquel mar ihtenso y aquel cielo radiante, se
entenebrecen y desfiguran; diríase que les cae
encima la bruma de Chicago, envidiosa del sol
de las Antillas. Pero, á pesar de todo, el cuadro se defiende por su propia virtud.

Con un paisaje animado de Porro se refuerza
la pintura cubana, que hubiera podido tener representación más numerosa. Faltan otros jóvenes de talento que son nuestras esperanzas, y aún
es más notable la ausencia de maestros como
Sanz, cuyos paisajes hubieran disputado el premio á los mejores.

De la Habana vinieron tres joyitas, del marqués
de Pinar del Río: una marina de Domínguez, y
dos cuadros de género, de Ferrant. La reputación
de ambos pintores me excusa de más elogios.

Por último, dan realce y prestigio á la sección de España, *El triunfo de la Santa Cruz*, de Santa María, cuadro de grandes dimensiones é inspirado en la leyenda de Las Navas de Tolosa; *Cristo en Jerusalem*, de Simonet; dos cuadritos de Moreno Carbonero, que han tomado motivo, el uno, del *Gil Blas*, y el otro, de *El sombrero de tres picos*, de Alarcón, y que son un dechado de gracia y colorido; la *Visita al Hospital*, de Luis Jiménez Aranda, que obtuvo primera medalla en la Exposición de París, y que por su *manera*, más parece un cuadro francés que español; varias escenas militares, de Cusachs; grupos de frutas, de Gessa; y, sobre todos, la *Margarita*, de Sorolla, el primer discípulo del famoso Domingo. En un wagón es conducida por una pareja de la guardia civil, la protagonista, que aparece con las manos atadas. Inclina la cabeza sobre el pecho y vuelve de soslayo la mirada, en cuya expresión indescriptible se estereotipa la historia de las primeras sensualidades. Un pequeño lío, que contiene todo su ajuar, va suelto sobre el banco en que está sentada. Su cuerpo se arrebuja como si tuviese frío; detrás, la acompañan los guardias, silenciosos é indiferentes, y al fondo del wagón, de una fuerza de perspectiva inusitada, llegan pálidos reflejos de un sol desfallecido. Es un cuadro que necesita la vigilancia de sus guardias, porque es el que siempre se ve rodeado de mayor número de codiciosos *amateurs*.

Si como los referidos, tuviera España otros
cuadros, que no los muchos deficientes que silen-
cio, disputaríale el puesto de honor á Francia,
que es, á mi entender humildísimo, la que presenta mayor número de artistas de genio y la
que, como expresado queda, ha sabido instalarse
más favorablemente.

Ese primer puesto pertenecería á los Estados
Unidos, si se le computasen los espléndidos cuadros que exhibe en su departamento de colecciones particulares, lienzos que son el tesoro indiscutible de todo el Palacio; pero esos cuadros
pertenecen casi en su totalidad á pintores franceses, y de ahí que creamos justo comprenderlos en
la nación de donde han procedido. El *dollar yankee* los ha acaparado: es suyo legítimamente, pero no le pertenece su gloria.

Las colecciones particulares que exhiben los
Estados Unidos, son propiedad de la Academia
de Bellas Artes de Pennsylvania y otros Museos
Nacionales, y de Mr. Henry Morquand, John G.
Johnson, Potter Palmer, Jay Gould, Charles T.
Yerkes, Alfred Corming, Henry Field, Cornelius
Vanderbilt, Crist Delmonico y otros acaudalados
señores. En los salones en que aparecen, que
son el arca santa del edificio, puede embriagarse
un adorador de la pintura, delante de los cuadros
de Corot, el poético y sombrío paisajista; Breton,
Bastien Lepage, Carolus Duran, el retratista heredero de Velázquez; Delacroix el exquisito;

Detaille, el incomparable pintor de las escenas militares; Dupré, Fantin Latoûr, Fromentin, Gerome, el viejo maestro de pincel delicado, que firma dos lienzos – dijes: *Las eminencias grises* y *El domador de serpientes;* Greuze, Ingres, Lefebre, Manet, Millet, Neuville, el rival de Detaille; Regnault, Trompson, Troyon, Rodin y el maestro de los maestros, Meissonier, con dos miniaturas sorprendentes de dibujo, color y concepto, síntesis de cuantas bellezas puede abarcar el humano pincel. En Meissonier se casan el científico y el inspirado, lo que prueba que la sabiduría no mata el *quid divinum*, como algunos pretenden.

Esos nombres y otros tantos ilustres, forman el contingente de Francia en la colección de los Estados Unidos. Inglaterra se desprende de un lienzo magistral de su primer pintor, Alma-Tadema. Titúlase *A reading from home* y representa una escena íntima en un hogar griego, donde Apolo lee sobre un pergamino. El cuadro tiene el ambiente heleno, la serenidad olímpica del asunto, y su ejecución técnica es ya la perfección del óleo. Aquel mármol veteado que amarillea por el tiempo y que el moho mancha en las junturas, es duro y frío, es la piedra viva encuadrada en un marco. Alma – Tadema es un artista rico que puede pulir sus obras hasta el prodigio de hacer notar el polvo que vuela en la atmósfera. Es el suyo un trabajo mecánico que acusa un temperamento sajón hasta la médula, y

en el que no es posible que pueda detenerse el
artista que necesite vivir de sus obras. ¡Pero qué
proligidad tañ soberbia!

España también se encuentra allí, con un lienzo del divino Fortuny. Es una marina riente y
jugosa, una *Playa en Portici*, en la que se derra-
man los infinitos matices del estilo fortuniano.
Nunca ví más variedad de tonos en más breve
espacio. Bélgica tiene representación en Van
Beers, cuya finura llega á confundirse con la fotografía iluminada, y Nápoles, en Michetti.

Ya darían á Tejas ó á Minesota los Estados
Unidos, por poder decir que tanto arte les pertenece, aun cuando no fuesen suyos los cuadros.
Ellos han acometido en este Palacio mayor esfuerzo que en otro alguno, para que el mundo no
siga negándoles competencia artística: han presentado tres mil obras; pero todo en balde. De los
artistas americanos, solamente dos alcanzan una
altura digna de los genios de la paleta: Carl
Marr y John Sargent, y ¡oh desgracia! al lado
del nombre del primero, leo: *Munich*, y junto al
segundo: *London*, lo que nos revela—sensible-
mente para la gran república—que en esas capitales produjeron sus obras. Otros muchos
artistas, oriundos de la Unión, aparecen con trabajos hechos en Roma, Florencia, París... artistas que si llegasen á ocupar el rango de los
eminentes, no le llevarían mucha gloria á su país
nativo. Lo que no sea producto de sus museos,

de sus academias, de su medio, en fin, no puede
rigurosamente considerarse como manifestación
propia de este pueblo, el que, á mi entender, aun ha de peregrinar largo tiempo para
competir con las viejas metrópolis de la Estética.

A la cabeza de ellas camina Francia, cuyo
cetro quizá pierda algún día, por el mismo refinamiento y afán innovador que nerviosamente la
atosiga. En sus salones rompen la harmonía de
la visualidad, algunas manchas violáceas, indica-
doras de una nueva tendencia. Me he acercado
á estos cuadros — contribuyendo así al propósito de sus autores, que es, sin duda, el de llamar la atención de un modo arbitrario—y me ha
caído encima la plaga decadente con sus dese-
quilibrios y ridiculeces. Tomo algunos nombres
al azar: Dubufe, Albert Maignan, Rosset Gra-
ger, Bramtot, nombres desconocidos hasta ayer
y que intentan reflejar sobre ellos las luces de la
popularidad, y por tanto, del éxito, con vírgenes violetas—que es el color predominante y casi único—jóvenes desnudas, envueltas en suda-
rios de nieve, caballos epilépticos y otros pe-
regrinos asuntos, todos, repito, con la misma
tonalidad que sube desde el lila tierno al solferi-
no agrio. Desde luego que tan extraño modo
de llevar á la tela las figuras, ha de promover la
consiguiente sorpresa, y ese es el fin de la escuela *impresionista*, ó decadente, en la cual—y esto
es lo peligroso y de lamentar—existen verdaderos

talentos que suelen extraviar, en las letras como en las artes, á los incautos que los imitan y á los vulgares que los aplauden.

Pero como un mentís de lo falso, de ese oropel transitorio que vivirá lo que viven las modas, la misma Francia muestra el arte vigoroso, sano y profundo de un Bonnat, cuyos retratos admirables del Cardenal Lavigerie y de Renan, sólo tienen el defecto de que no hablan; los *portraits* no menos vivientes de Carolus-Duran; los paisajes espléndidos de Zuber, Balouzet, David, Dupre, Galerne y Nardi, y los cuadros, llenos de calor y de verdad, de Binet, Benjamín-Constant, Rosa Bonheur, Boutigny, Breton, Clairin, Courtois, Dumaresq, Frappa, Henner, Paul Mathey, Muraton, Laurens y Bouguereau. Muy superior á los cuadros con que este último insigne artista aparece aquí, es el *El fauno y las ninfas*, del mismo, que pude admirar en el *Hoffman House*, de New York, donde también existe un Correggio notabilísimo. Bouguereau ha comprendido, como nadie, la plástica rosada y tentadora de las ninfas y la anatomía entre humana y bestial de los faunos.

Mas ¿qué mucho que Francia sepa presentarse tan distinguidamente, si sobre la selección de su cultura reune la experiencia de haber celebrado cuatro Exposiciones en treinta y tres años? Para la admisión de las obras que figuran en Bellas Artes, supo elegir un Jurado de celebrida-

des, al paso que otras naciones han remitido las
suyas al *vultum tuum*. No era posible que lienzo ó estátua desposeidos de absoluto mérito, pa-
sasen por el análisis de Mr. Gerome, Bonnat,
Beraud, Bouguereau, Breton, Laurens, Lefevre,
Gustavo Moreau, Dubois, Falguiere, Barrios,
Bartholdi, Chaplain, Garnier, Vaudremer y otros
miembros del Instituto; de Lafenestre, el director del Museo del Louvre, y de muchas otras au-
toridades parisienses. Francia ha mantenido in-
superablemente su pabellón. ¡Hagámosle salvas
de honor!

El tercer lugar le pertenece á Inglaterra, cuyas pinturas siguen la tradición de su escuela,
más instructiva que inspirada. Pero sólo con
Alma-Tadema sóbrales personalidad á los ingleses para que sean estimados y aplaudidos. Las
firmas que después de este insigne maestro descuellan en los salones, son las de William Carter,
Yennd King, Tuke, Waterlow y Glazebrook. He
citado á este último, no por la pujanza de su pincel, que es débil, sino por lo sugestivo de su
cuadro *C' est l' Empereur!* Un centinela se duer-
me en una avanzada y, al incorporarse de súbito sobre el lecho de yerba, contempla, entre la
claridad gris del amanecer, á Napoleón que ha
tomado su fusil y que hace, impasible, la guardia.
El centinela, al exclamar: *¡Es el Emperador!*, pone una cara de espanto, y Napoleón se mantie-
ne con los hombros empinados y con ese estoi-

cismo con que se le contempla en los retratos de
Meissonier.

Aun cuando otras naciones aparezcan con mayor número de cuadros que Austria, le corresponde este sitio, siquiera no sea más que por las firmas aureoladas de Hans Makart y de Munkacsy. Makart acude con sus cinco sentidos, representados por cinco Venus que han popularizado todas las ilustraciones del mundo. ¡Cuánta plasticidad maravillosa! ¡Qué dibujo, color y modelado! Munkacsy presenta *La historia de Hero*, un boceto de tres figuras que respiran en un gabinete por cuyas puertas se podría llegar al jardín que en el fondo difunde sus aromas. No obstante haber Munkacsy manchado de prisa esa tela, para el mercado, se siente en ella la mano prodigiosa del autor del *Cristo ante Pilatos*, obra colosal, la más completa que ha producido la pintura en los últimos años, y que adquirió, por precio fabuloso, la casa de Wanamaker, de Filadelfia. Allí se ha profanado á Cristo, hasta servir de reclamo. El *humbog* es otra contradicción del carácter norte-americano, tan propenso á la seriedad. Seducen la vista, además, en la sección de Austria, *El Anticuario*, una miniatura de Gloss, el *Prometeo*, de Hirschl, y los trabajos bien entendidos de Brocik, Hasch y Seligmann.

Sigue Alemania con su escuela pensadora y su manía imperialista. Son incontables los retratos y las estátuas que he visto de Guillermo II y de sus antepasados. Menos mal que resultan, en cuanto al arte, excelentes ejemplares. Menzel, Harrach, Herterich, Hildebrand, Malchin y Müller, dan tono á la pintura germana. No en los salones de Alemania, sino en un testero aparte, aislado y donde pudo colgarse, descubrí un cuadro de Daelen, que merecía mejor sitio. Su concepción es sugestiva y honda. Un padre mísero y loco, que tiene la manía real, se pone una corona de cartón dorado y un manto de percalina roja; se adelanta al primer término del desvencijado hogar, en actitud arrogante, y extiende el índice en señal de mandato, mientras á sus espaldas, un hijo acaba de morir, una mujer, la madre, llora desesperada al pié del jergón que hace de tumba, y el menor de los hijos, desnudo y desmirriado, indiferente en su inocencia, juega gozoso sobre el pavimento de tierra.

Ocupa Bélgica airoso papel con relación á otros pueblos del norte, como Dinamarca, Suecia y Noruega, en cuyos salones he sentido el pesar de la sombra. ¡Qué paisajes, qué cielos tan descoloridos! Hechas mis pupilas á la luz, son ineptas para juzgar de las bellezas que puedan encerrar aquellas pinturas tan desposeídas de matices. Un temperamento meridional se siente allí entumecido. Hasta los lienzos llegan los hielos del polo. La misma Holanda, la patria de Rubens y Van–Dick, se exhibe harto decadente, decadencia que invade á la matrona Italia.

En vano es que Ciardi, el de las inefables marinas, que Corrodi, Da Mobris, Gasperini y Corelli traten de sostener su dominio universal pasado: Roma, Venecia, Milán, Nápoles, Florencia, parecen abrumadas con la gloria de sus Rafaeles, adormecidas con el incienso que aun respiran de su viejo esplendor.

Rusia ha traído uno de los lienzos más grandes en tamaño, *Friné*, de su favorito pintor Siemiradsky. Daría yo tantos metros de tela, que se me antojan más semejantes á un tapiz que á una pintura de fuerza, por otro cuadrito del mismo autor, titulado *Cristo en casa de Lázaro*. Aquella debió de ser la figura evangélica del Nazareno. Por lo típico, sobresale en Rusia *La respuesta de los cosacos*, de Repine, y por la oportunidad, llama la atención una serie de cuadros de Aivazovosky, relativos á Colón y al descubrimiento. El pintor es genial, pero posee una ignorancia absoluta de la naturaleza antillana. Nuestras costas, dulces y serenas, se convierten por medio del pincel de Aivazovosky en rocas ingentes y escarpadas, batidas por la furia de las olas. En todas partes se ha pretendido interpretar alguna escena alusiva al Almirante; pero siempre con desgracia.

Nada excepcional podría decirse de los demás países pictóricos que han venido á la Exposición. Son ellos, más ó menos lucidamente, estelas de los pueblos directores del arte. Señalaré,

por su remarcado exotismo, las obras del Japón,
en las cuales causa un deleite cómico, su desco-
nocimiento de las leyes de la perspectiva, sus
quebrados modelos y sus extravagantes simbo-
lismos. No carecen de expresión artística, algunos relieves y estatuítas en madera, bronce y
marfil.

Hermanas gemelas las Artes, y respondiendo
siempre unidas al mismo espíritu impulsivo de
civilización, corren idéntica suerte é igual grado de importancia, las acuarelas, los grabados y
litografías, los dibujos al creyón, al lápiz y al
pastel; las pinturas en marfil, esmalte, metal y
porcelana; las artes decorativas; la arquitectura
y la escultura. Puede afirmarse que estas obras
responden en cada nación al estado de la pintura al óleo.

Ningún orden nuevo presenta la arquitectura.
Francia ha expuesto unas cincuenta reproducciones en yeso de sus edificios más notables: las
puertas de Notre Dame, y parcialmente, copias
de las catedrales de París, de Reims, de Rouen, de
Burdeos, etc.; Alemania, el Reichstag y otros
monumentos públicos, é igualmente, Inglaterra y
los Estados Unidos.

Son las estátuas resaltantes en Francia, *Wáshington* y *Lafayette*, grupo en bronce por Bartholdi, el autor de *La estátua de la libertad ilu-
minando el mundo; Dante*, por Aube; grupos de
animales en gran tamaño, por Augusto Caín;

Sinceridad, por Delaplanche; *Republicano fran-cés*, por Falguiere; *Graziella*, por Héctor Le-maire; *La Cigale*, por Marqueste; *Perversidad*, por Ringel; *El rapto de Ifigenia*, por Soules, y "*Even so!*" por Mercié. Este es un grupo que ha inspirado el patriotismo. El voluntario cae muerto en los brazos de la alsaciana que toma el fusil y vuelve el rostro indignado hacia el ene-migo, exclamando el *Quand meme* indomable.

En los Estados Unidos, descuellan los esculto-res Bissell, Bush-Brown, Clarke, Dallin, French y Partridge, algunos con osadías á lo Miguel Angel. En España, son rodeados por los visi-tadores, una abuela colocando el primer arete en la oreja de su nieta, de Alcoberro; *Los pescado-res pescados*, trabajo cómico muy original, de Ma-rinas; y en primer término, *Los náufragos*, de Miguel Angel Trilles. En Alemania, Inglaterra, Bélgica, Dinamarca, Rusia y demás pueblos ex-positores, sobresalen contadas esculturas. Italia intenta recordar lo que fué, y exhibe algunas es-tátuas concluídas de Albacini, Bottinelli y Ferrari.

Pero la escultura se va; es un arte muerto que no vislumbra la luz de su resurrección. Fidias, Praxiteles, Miguel Angel, enterraron el cincel en donde no han vuelto á encontrarlo sus des-cendientes. Hoy no se comprende el desnudo, porque nuestros dioses se han ido también y nuestros héroes usan levita. La Venus de Milo, el Apolo de Belbedere y cuantas obras nos ha

trasmitido la Mitología, son maravillas plásticas
que no volverán á repetirse; y hasta esos mismos
portentos constituyen para nosotros un arte frío.
Aún las épocas guerreras contemporáneas, faci-
litan modelos ecuestres dignos del mármol; pero
á medida que avanzamos, que los pueblos se *ci-
vilizan* — derivación de civil — el hombre cuadra
menos en la piedra. Los próceres americanos
de la actual generación, que se levantan en las
plazas públicas, con el zapato de becerro, el pantalón hasta los talones, la chupa floja y el sombrero de fieltro, me parecen muñecos ridículos.

Y cuando la arquitectura se despoja de su majestad, de su grandeza, y se entretiene en forjar
escenas ó caricaturas de la vida corriente, entonces ya no es el arte severo de los antiguos,
entonces se prostituye hasta la industria. Y á
eso está llamada, y á eso quedará reducida, á la
esfera decorativa, á servir de auxiliar á la industria artística.

Ojalá que con lo dicho puedan mis lectores
darse cuenta aproximada del estado de las Bellas Artes en la Exposición Colombina — ¿Están
decadentes? — es la pregunta que siempre hacen
los críticos y cronistas en cada nuevo Certamen;
y por lo general, establecen conclusiones defini-
tivas, sin atender á que, por mucho que se envíen
obras artísticas á un concurso de este género,
aún son más las que dejan de acudir, y frecuentemente, las mejores.

Después he visitado los museos de las principales poblaciones de los Estados Unidos, sin encontrar lo que mi espíritu buscaba. Las Bellas Artes aparecen aquí en la infancia, en una incipiente primavera. Alguna vez la risa me ha cosquilleado delante de manchas que se atribuyen en los catálogos á Velázquez, Rubens, Murillo, Rembrandt; porque sospéchome, ante el raquitismo de su factura, que han sido burlados los compradores americanos.

No hay que discutirlo: el vapor no es sólo casi un inglés — como dice Emerson — sino un *yankee* completo; pero el arte, el arte genial y etéreo, no es de esta familia.

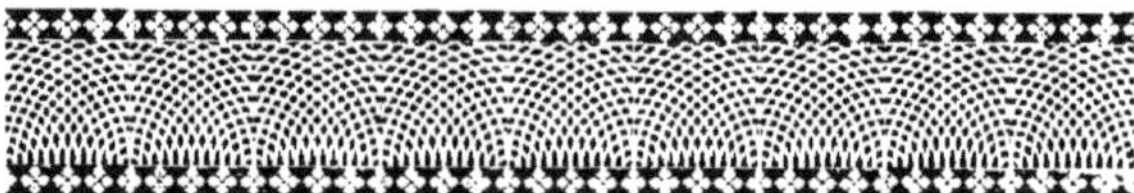

Llegada de las carabelas.

HOY ha sido el día de las carabelas, otra fiesta memorable por el aparato con que se ha celebrado su recepción. Ayer arribaron á Milwaukee, la tierra del suave y rico *beer*, precedidas por el barco de guerra "Catarata," y á las tres de esta tarde anclaban cerca de la orilla del lago Michigan, frente á la misma Exposición.

Tomemos ahora la pluma del *reporter*, y al agua. A las ocho de la mañana salió mar afuera, es decir, lago afuera, á esperar la llegada de las naos, el barco de guerra "Michigan," de la escuadra de los Estados Unidos. Iban en él todos los representantes de España y sus Antillas en la Exposición, presididos por el Comisario Regio, señor Dupuy de Lome. Acompañaba al "Michigan" una flotilla compuesta del "Andy Johnson," "Blake," "Nebraska," "Ciclone"–de la Municipalidad – y numerosos *yachts* particulares.

7.

Un sol reverberante, que ha alzado la tem-
peratura á más de 96°, disipaba las brumas
siempre enamoradas del lago, y bruñía aquella
dilatada superficie de cristal glauco.   El capitán
Berry, que mandaba el "Michigan," no se detuvo
hasta cerca de Evanston, donde surgieron, al fin,
los débiles palos de las tres embarcaciones. En
el mesana del "Michigan" se izó entonces la
bandera de Castilla, y á poco, los cañones de los
barcos de guerra dábanles el *wellcome!* — bienvenida que fué constestada por seis disparos de los
falconetes de la "Santa María." · La capitana, la
"Pinta" y la "Niña" siguieron adelante, remol-
cadas por el vapor "Hecla" y entre las embarcaciones todas, que saludaban al señor
Concas.

El moderno Colón, cargado de cruces y charreteras, respondía con la mano, desde el simulado puentecillo en que, cuatrocientos años atrás,
el gran Almirante lloró sus desesperanzas y vió
su hora de triunfo.

Y como si las ovaciones y las apoteosis quisie-
ran contrastar con ironías la grandeza de los
hechos históricos á que se consagran, al acercarse
las carabelas á tierra, las tribus de indios que
han venido á la Exposición, lanzáronse al encuentro de ellas en sus piraguas y canoas, ce-
lebrando con gritos salvajes de júbilo, en la in-
consciencia de su estado, el aniquilamiento de
sus chozas y la destrucción de su raza, á expensas

de la justicia egoista y sangrienta que se llama civilización.

Después de treinta y un días de viaje, desde New York hasta Chicago, á las tres y veinte de la tarde cruzaban los distinguidos oficiales que mandan las naos, Sres. Concas, Gutiérrez Sobral y Vázquez, el soberbio peristilo de la Exposición, que forman cuatro cerradas galerías de columnas corintias, á lo largo de cuyo capitel aparece un ejército de estátuas simbólicas; coronando el emblema la figura del Almirante sobre un carro tirado por pujante cuadriga llevada por una pareja de matronas, y entre dos heraldos ecuestres.

Todas las campanas de los edificios de la Exposición y todos los pitos de las máquinas, prorrumpieron en un saludo incoherente y estruendoso, al que se agregaba el zumbido de la curiosidad en una masa de cien mil espectadores.

El sitio destinado para la recepción oficial hallábase dispuesto en un *stand* levantado en la esplanada que cierran, á derecha é izquierda, los palacios de Maquinaria y de Minas; por el fondo, la Estación Central, y por el frente, la bronceada cúpula de *Administration Building*, debajo de la cual resalta una inscripción que, traducida, dice:

Cristóbal Colón nació en Génova en 1446; *fué á los mares á la edad de* 14 *años y entró al servicio de España en* 20 *de enero de* 1486.

Banderas y gallardetes de España y de los

Estados Unidos, flameaban en mil astas, y limitando el espacio donde se verificó el desfile militar de todas las naciones, prendidos á un cordón tirante y circular, volaban los banderines extranjeros, en los cuales se confundían la franja tricolor francesa, con las águilas germanas; la media luna egipcia, con el dragón chino.

Los oficiales de las naos, seguidos de la comisión española y de los honorables Mr. Palmer; Mayor Harrison; secretario de la Armada, Mr. Herbert; senador, Mr. Sherman; Curtis, Douglas y otros importantes personajes, tomaron sitio en la plataforma saliente del *stand*, invadida ésta, casi en su totalidad, por las señoras del *Women's Building*. Ellas, siempre en todas partes, con afán de azacanarse en pos del último suceso. En los Estados Unidos el tragín se ha hecho mujer. Así están de sofocadas siempre. Inútilmente se encontraría aquí aquella palidez lánguida que recomendaba Sofía Gay en los rostros femeninos. ¡Qué hombres son estas mujeres! ¿Comprenderían ellas á un caballero de Gramont ó á un marqués de Warder?

La música tocaba la marcha real, con intercalados de *La Paloma*, habanera de rigor en todas las fiestas alusivas á España.

Y empezó el brillantísimo desfile. Abría la marcha la guardia colombina, seguida de los indios de Vancouver, habitantes de las islas del mar del Sur, los esquimales y, á caballo, los indios de Buffalo Bill's, cubiertos de cintas y cuentas y plumajes característicos; después, *Midway Plaisance*, con su contingente exótico y abigarrado, tipos que idealizan de lejos el orientalismo y la japonería literarios, y que tienen de cerca una bestialidad repulsiva; á continuación, la caballería, marina y artillería americanas con flamantes equipos; tropa británica con uniformes de escarlata; ginetes alemanes con cascos relucientes; infantes rusos con negros morriones afelpados; y otras armas de las demás naciones; en una palabra, un paseo de Marte pacífico, algo así como un juego de soldados de plomo; la mancha que podrá verse, más crecida y en campos diversos, el día del gran estallido europeo.

Y tan pronto desapareció el último fusil, comenzó la elocuencia *yankee*, si elocuencia puede llamarse á este hablar afanoso en que todo suena á lo mismo. Inició los *speechs*, Mr. Palmer, dando la bienvenida al Sr. Concas y á sus compañeros, para quienes pidió un triple *hurrah* que fué contestado por la multitud, la que obedece aquí mecánicamente. Ella no siente más que la orden. La mandan que se entusiasme, y se entusiasma; que aplauda, y aplaude. ¡Qué admirable masa!

El senador Mr. Sherman, que fué el más ardiente interesado en que el gobierno construyera la "Pinta" y la "Niña," leyó un discurso de carácter histórico y comprensivo de la importan-

cia del descubrimiento, con frases halagadoras
para España y para el señor Concas. Después,
hablaron enfáticamente y dentro del gastàdo te-
ma, el secretario de la Armada, Mr. Herber, y el
Mayor Harrison, para los cuales, como para Mr.
Sherman, volvió á pedir Mr. Palmer los tres
hurrahs de ordenanza.

Aludido directa y admirativamente el señor Concas, ocupó la mesa-tribuna, pronuncian-
do un discurso de gracias, en correcto inglés.
Oyóse un estruendo de silbidos.... Esa es una
de las formas en que los *yankees* expresan su
aprobación.

Un hombre de color, de acorazado rostro y
melena blanca, veíase en la plataforma. Su nombre fué pronunciado por el pueblo, para que ha-
blase. Era Mr. Douglas, representante de Haití
y uno de los viejos y apasionados amigos de
Lincoln. Su peroración fué tan sobria como sencilla y agradable. Al concluir, se escucharon gritos agudos á nuestra espalda; volvimos la cabeza,
y eran los indios que aplaudían á su manera,
desde los balcones de la Estación Central.

Media hora después, el señor Concas y sus
compañeros *lunchaban* en el despacho de Mr. Davis, en el Palacio de Administración, y las carabelas parecían descansar de su fatigosa jornada,
sobre la tersura de unas aguas profundas é im-
penetrables como las almas que ocultan cieno bajo la inmovilidad de un rostro frío.

Junto al *fac-símil* de la Rábida – que en un cuarto de proporción, se ha construido con datos auténticos del convento primitivo – anclarán las tres exactas reproducciones de aquellas gloriosas naos, en las cuales, como ha dicho un ilustre venezolano, el Sr. Bolet Peraza, "no se embarcó un hombre, sino que navegó el Destino."

(Julio, 3).

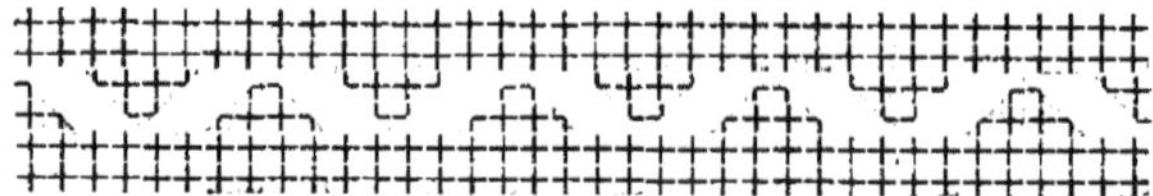

Palacio de Electricidad.

COLOCO á mis lectores frente á uno de los palacios más interesantes de la Exposición, edificio que tiene el corte del renacimiento español, modificado por el sello corintio que le prestan sus pilares. Suprimo las cifras de las dimensiones: aborrezco los números en las letras. Calculad una arquitectura inmensa, y basta. La aritmética, en estos casos, es el recurso de los impotentes: porque los datos de *tantos* metros y *tal* costo, se encuentran en todas las guías.

El exterior del Palacio de Electricidad está ornamentado con figuras en relieve que ilustran su propósito, y cúpulas y torres de cascos bronceados, como el dome de *Administration Building·*

En el edificio que forma su entrada principal, Franklin, en estátua magnífica, alza los ojos al espacio y retiene en la mano el hilo de la cometa que le trasmitió la conmoción eléctrica reve-

ladora de los secretos de la ciencia, cuyas manifestaciones asombrosas son los más legítimos
timbres de orgullo del pueblo americano, al que
acompañan dignísimamente en la exposición de
los fenómenos y progresos de la electricidad,
Francia, Alemania é Inglaterra.

Mis nervios se crispan y siento convulsiones
espasmódicas, en medio de tanto aparato de ejecución más rápida que el pensamiento.   Motores, dinamos, baterías incontables, trabajan des-
pidiendo chispazos azules y haciendo funcionar,
con la celeridad de sus corrientes invisibles, todo aquel conjunto de aplicaciones diversas. Los
dinamos giran con rapidez vertiginosa, y el fluído eléctrico hace extremecer la red múltiple de
sus conductores.   La trepidación que se experimenta es como si cada objeto recibiese el sacu-
dimiento de un rayo; y el ruído es sordo y me-
droso, y tiene sonoridades de fragor: es como la
amenaza de mil furias dispuestas á escaparse de
sus prisiones férreas y pulverizarlo todo. Y añádase á esta impresión la que producen las sillas
para las ejecuciones, potros en los cuales podrá
hallarse la más rápida muerte, pero después de
haber sufrido, siquiera sea en un relámpago, el
más agudo, penetrante y villano de los dolores.

Mas la voluntad, mi valeroso sentimiento,
domina mis nervios sobreexitados y me hace se-
renamente admirar la historia y progreso del telégrafo, del teléfono, del fonógrafo y de cuantas

invenciones tuvieron su origen en el succino. Cada uno de tales inventos va acompañado de sus aparatos y útiles precisos. Hilos, alambres, cables, postes, conductores, registros, aisladores, trasmisores, tubos, varillas, conmutatores, placas de caoutchú y gutapercha, etc.

Palpamos – si es que alguno se atreve á poner la mano sobre aquellos objetos – el funcionamiento de la electricidad en tranvías, ferrocarriles elevados (como el intramural que recorre el campo de la Exposición), embarcaciones (de las cuales buen número se pasean por los canales del lago), buques submarinos y aéreos y toda clase de medios de trasportación; y sin querer meternos en reflexiones, un impulso inconsciente, producto de contagiosa sugestión, nos lleva á pensar si ha producido el mundo en todos los siglos más beneméritas empresas que las de acercar, cada día en menor tiempo, las palabras y los hombres. Esas empresas las ha hecho la electricidad prodigiosas.

Su acción se extiende vertiginosamente, y pasa de las aplicaciones sublimes á las más vulgares del uso doméstico. Ella nos ofrece ventiladores, calefactores, relojes, abanicos, alfileres, aparatitos para tostar café y perforar cueros, plumas para escribir volando, y limpiabotas que, en medio segundo, nos dejan los zapatos charolados. Por ese camino, en breve, nos ahorraremos las ocupaciones más elementales, y por medio de una maquinilla nos pondremos los tirantes y se levantarán nuestros sombreros al paso de un amigo, para ahorrarnos el saludo. Las mujeres no tendrán que invertir diez horas en el tocado, ni necesitarán los fornidos brazos del aya para ceñirse el talle. Los niños tendrán cunas que los mezan y arrullen, y los viejos, columpios que los paseen y diviertan. Y andando, andando, la electricidad nos hará caminar por el aire sin otro poder que una corriente de inducción; y si no los piés de corcho, los tendremos forrados de ámbar, para andar, sin sumergirnos, por el agua, como los Felópodos del pueblo imaginario de Luciano.

Y á todas partes acude el fluído asombroso. La seguridad personal tiene en él un defensor siempre alerta. Ya es el faro de lente escalonada "en la empinada altura del negro promontorio", ó el proyector parabólico de señales, ó el aparato de salvamento contra el fuego y el agua, ó la telegrafía policiaca, ó el timbre de alarma que, á la vez, apresa la mano del criminal nocturno.

Llega á las artes é invade la pintura y la música, los grabados sobre metales y porcelana, la electrotipía, la galvanoplastía, la fotografía, los *marionettes*, el teatro; que el arte recibe, el primero, todo elemento nuevo, porque es, como dice Schelling, la región de la libertad. Visita la electricidad la ciencia, y también refuerza los recursos de la cirugía y la terapéutica. Mide y condensa, calienta en el horno y estalla en la mina.

De todo esto se exiben modelos perfeccionados en el Palacio de Electricidad; pero parece que ella no alcanzaría el completo esplendor de sus victorias, sin la luz, rival del astro rey, nuevo sol de la noche. De noche hay que penetrar en este edificio para sentir el poder de su grandeza. De día, la luz eléctrica parece una hermosura anémica; cuando la sombra cae, es la belleza sanguínea, vital y refulgente.

Imposible se hace el reflejar tanta maravilla luminosa. Millonadas de focos de los sistemas de arco é incandescente, se combinan en caprichosos moldes que despiden los más brillantes tornasoles. Sobre columnas y estrellas de globos cristalinos, serpentean franjas de luces de colores que irradian centelleando. Letreros formados con lámparas menudas van iluminándose al paso de una varilla que parece dirigida por un calígrafo oculto; y en un instante en que rielan sobre cristales, aceros y bronces bruñidos, aquellas lunas de fuego, el ánimo duda si se encuentra én medio del resplandor volcánico del infierno, ó entre los fulgores mágicos de la gloria.

No ha podido llegarse á mayor triunfo en las combinaciones de la luz eléctrica. Ella es el arte positivo de los teatros *yankees*. En *América*, obra fantástica que se representa hace cinco me-

ses en el *Auditorium*; en *Alí Baba*, zarzuela obli-
gada en el cartel del *Columbia*; en cuantas revistas, zarzuelas ó dramas aparecen en la escena de
Chicago, lo verdaderamente hermoso surge del
encanto que brinda la luz eléctrica sobre deco-
raciones y trajes; y aun en el mismo *Grand Opera House*, donde trabaja Lillian Russell (la Venus de las artistas, la mujer más linda que he
visto en los Estados Unidos), la distinguida can-
tatriz es un pretexto para demostrar lo que fas-
cina un rayo fulgurante sobre el rostro de una
mujer hechicera.

En el Palacio de Electricidad se esperaba ver
un nuevo invento de Edisson, quien acaba de
llegar á Chicago para tomar parte en el Congre-
so de Ciencias; pero nos hemos quedado con las
ilusiones. Se habla de que el insigne matemá-
tico ha resuelto un problema dificilísimo, el de
trasmitir la efigie, como se trasmite la voz, ó cosa tan estupenda. Mas él se lo guarda, tal vez
para exhibirlo por su cuenta y provecho, después de la Exposición. Porque es lo que él se dirá:—Para gloria y medallas, bastan con las que
tengo, pues nadie tiene más; pero para *money*,
aun soy un pobre, con poseer algunos millones,
al lado de cualquier salchichero....

Cuba.

SCRIBO desde *Cuba*, desde el gallardo pabellón que luce nuestro país en el edificio de
Agricultura. Y á fe que me siento orgullo-
so, hinchado por todos mis paisanos; porque la
instalación cubana, no ya compite, sino supera
á las de su categoría é importancia. Parece á
mis ojos el recinto de una nación, no el de una
colonia combatida, explotada y casi exangüe.

Me da salud respirar en nuestro pabellón,
donde acostumbro ir en busca de descanso, después de la fatiga que produce el andar de la ce-
ca á la meca por este inmenso parque. Aquí,
huele á tabaco y azúcar, oigo hablar en cristiano
y leo en las etiquetas de los productos que se
exhiben, nombres que me trasportan á las estrechas y sucias, sí, pero también queridas calles
de la Habana. Y mi espíritu se aduerme en la
evocación de los recuerdos patrios, punzadores

en la ausencia, y reviven y se ven y se oyen la
madre augusta, la amada fiel y el amigo leal, y
me voy al campo, y se pasea mi corazón por
aquellas campiñas siempre lozanas, donde se es-
cucha la décima del guajiro, que suena á pasto-
rela, y se siente el olor del guarapo hirviente,
del café tostado y del tabaco encendido, y en
esa confusión de aromas penetrantes que crea la
fantasía, me embriago y deleito.

En Cuba encuentro siempre á Rosendo Fernández. No hubiera podido elegir la Cámara de
Comercio, para que la representase y pusiese en
alto el nombre de la isla, á caballero más entendido y afanoso. Él ha guíado la instalación de
Cuba, con amor, como si se hubiese tratado de
algo propio, de engalanar á la hermosa hija que
le dió una camagüeyana. La Cámara puede re-
gocijarse de su representación, y el señor Fernández, volver allí convencido de que nadie habría hecho tanto. Su celo, sus trabajos, los peli-
gros de su salud amenazada al principio de la
Exposición, en días de mortífero hielo, y el éxito con que ha dejado en pié el pabellón de Cuba, merecen un premio, y la Cámara y el gobierno se lo deben en larga medida. Si los
aplausos de la prensa son precursores de más
sólidos y positivos galardones, anticipen al señor
Fernández los míos, la justa compensación de
sus esfuerzos.

* * *

¡Qué linda es la casa de Cuba! Vence á las demás instalaciones del Palacio de Agricultura. El pabellón es un *fac-símil* del Cláustro de San Gregorio, en Valladolid, que es de un primoroso estilo renacimiento.

En el friso de la parte exterior, ostenta los yugos y flechas emblemáticos del escudo de los Reyes Católicos, y los escudos de las seis provincias cubanas, sobre los capiteles de los arcos. En el principal de éstos se representan, en alto-relieve, los bustos de Colón y de Fernando é Isabel, sosteniendo el arco dos matronas, Cuba y Filipinas, entre las que se ve el escudo de España y el estandarte de Castilla. Dos carteles señalan estas fechas: 1492 y 1892.

Se baña el pabellón en un crema vivo, con toques de oro en los relieves. Los medios puntos aparecen hechos con vidrios de colores nacionales, y nuestra piña, perfectamente dibujada, abre su plumaje arisco en medio de los cuartelones.

En los intercolumnios del interior, se han puesto medallones cruzados por ramas de laurel, conteniendo, en letras de oro, sobre fondo de mármol, los nombres de los principales productos del país.

Forman el fondo del pabellón, tres paños de pared, en cuya parte superior hay tres cuadros del mismo estilo renacimiento, de marco de bronce y centro de mármol, con los nombres de las Cámaras de Comercio de la Habana, Cienfuegos y Santiago de Cuba. De los cuadros bajan dobles cortinones de *pelouche* marrón sobre fondo azul, que hacen marco á tres tableros en los cuales se ha inscripto la estadística de nuestro azúcar, tabaco y minerales, durante el año de 1892.

Cierran las puertas de entrada, columnas de bronce con cordones de seda.

Pero lo que remata la belleza de la instalación, mejor dicho, lo que presta atractivo poderoso á las miradas de los visitadores, son los espléndidos kioskos de tabaco que dejan muy atrás á su vecindaje de vitrinas y resisten el cotejo con los mejores de toda la Exposición. Premio de primera clase merecen los señores Juan Hourcade, José Pianca, Víctor Vidaurrázaga y demás ebanistas hahaneros que han hecho muebles tan ricos con maderas preciosas del país.

Bien se han expuesto los tabacos manufacturados de los señores Sebastián Azcano, Bances y López, A. Barquinero, L. Carvajal y Cª, Cueto y Hno., Fernández Corral y Cª, Gumersindo García Cuervo, Inclán, Díaz y Cª, J. Riera, Cayetano Suárez, Segundo Trespalacios, H. Upmann, M. Valle y Cª, P. del Río y Cª, y Viuda de Roger y Cª

La hoja sin rival que se cosecha en Vuelta Abajo, se presenta tamb)én en rama, en tercios que envían, esmeradamente acondicionados, los señores Salomón y hermanos.

Por este producto sin competencia, único en

el mundo, y ante el cual corren avergonzados los
puros pajizos de Filipinas, las hebras argelianas
olorosas á botica, el betún de Virginia y el pésimo tabaco de Egipto, ha obtenido Cuba premio de honor en cuantos Certámenes se han celebrado en éste siglo; y sospéchome que si ya
hubiera aparecido cuando el templo de Salomón,
que fué la exposición del mundo babilónico y la
primera del orbe, desde entonces tendría la fama
que hoy se le discierne indiscutiblemente.

Nuestra más importante producción es el azúcar; pero el tabaco nos da la personalidad como
pueblo agrícola. —*Tobacco!*— exclaman los millones
de *yankees*, y piensan simultáneamente en Cuba. Ellos no conocerán nuestros habaneros
ilustres, pero sí nuestros habanos insignes. Es
curioso verlos desfilar con sus caras seriotas como las de los santos de retablo, por delante de
nuestro pabelloncito. —*Quiuba!* —dicen, y piensan en la anexión, solamente por fumarse los
imperiales de *Henry Clay* y las *brevas* de Villar y Villar.

¡Oh, la acierta Rosendo Fernández si pone á
la entrada un torniquete —como han hecho ellos
hasta para poder llegar á los puntos más urgen-
tes y necesarios...—y por medio de un aparato
automático —como los que también pululan por
aquí hasta para respirar —va entregando puros
á cambio de *dollars*. Es cierto que entonces no
habría quedado una vitola para muestra. ¡Las

vueltas que hubiesen dado las aspas del torniquete!

En una de las inscripciones de los tableros,
nos pavoneamos de haber producido en 1892,
nada menos que 974 mil toneladas de azúcar, y
solamente la señora María Teresa Beltraneda,
de Matanzas, exhibe muestras valiosas de su
Central *Carmen*, y el Sr. D. Mariano C. Artiz,
una pequeña vitrina con azúcares selectos de su
ingenio *Narciso*, vitrina que figuró y obtuvo medalla de oro en la Exposición de París, del 89.
Es decir, que tal parece que Cuba no ha tenido
zafra en la última cosecha. ¿Será que los hacen-
dados reservan hasta el último grano para ven-
der sus azúcares á 20 reales? Tal apatía resulta
tanto más punible aquí, en los Estados Unidos,
que es el único mercado de aquel dulce.

Tenemos expuesto café de Baracoa y de Santiago de Cuba, ricos granos en verdad, pero que,
por desgracia, tienen muy cerca, á renglón segui-
do, los de Yauco y Maricao; y ya lo dice el tango: "el café que les gusta á los hombres, ¿cuál es?
¡Caracolillo!" Y caracolillo de Puerto Rico.

Otro producto premiado en París, es el ron
Bacardí, rival del jamaiquino. Esta casa de Santiago de Cuba presenta magníficos ejemplares
embotellados. En espíritus obtenidos por desti-
lación, se exhiben muestras merecedoras de
aplauso: ginebra, ron escarchado, anisado y
ponche de cognac, los señores Díaz y Santacana;

alcoholes y aguardientes, los señores Robato y Beguiristain; licores de varias clases, entre ellos, una fina *Crema Habanera*, los señores Trespalacios y Aldabó; vino de piña, D. José Eleno Madiedo; y licores diversos, los señores López é hijo, de Cienfuegos. Estos productos obtienen poca demanda, por falta de protección. Aquí del gobierno, al que costaría poco esfuerzo acreditar esas marcas, ya introduciéndolas con su influjo en los mercados peninsulares, ó bien permitiéndoles libre exportación. Mas, ¡ilusiones! Esas industrias, ó morirán por consunción, ó tendrán una venta mezquina, la del mismo país, el cual en las elecciones de su gusto, equivocándose á veces, es antiproteccionista. Por fiero que sea un vermouth de marca italiana, siempre será preferido al agradable de los señores Trespalacios y Aldabó. ¡Y así opinamos en tantas cosas!

Hasta aqui, lo expuesto en el pabellón del Palacio de Agricultura, que es el típico, el característico de la isla de Cuba. En los demás departamentos de la Exposición figuramos en las instalaciones de España.

En Manufacturas y Artes Liberales, los productos químicos y farmacéuticos están bien representados, entre otros, por la Magnesia aereada de Márquez y la Emulsión Creosotada del notable preparador espirituano, D. Francisco J. Rabell. En muebles, D. Alfredo Triscornia ha traído un lavabo-tocador de mármol, que merecía un puesto en la sección francesa; y D. José Altamirano Barrientos, un precioso costurero con 15,675 maderas incrustadas.

En el grupo correspondiente de Artes Liberales, están expuestas las memorias de la benemérita Sociedad Protectora de los Niños; del hospital "Reina Mercedes," con las vistas fotográficas de este establecimiento; y de la Escuela Provincial de Artes y Oficios.

En la parte de instrucción y literatura, biblioteca y periódicos, han remitido sus obras, algunos señores tan reputados como don Gabriel Casuso, don Manuel Delfín, don Francisco Javier Balmaseda, don Carlos A. Sierra, don Ramón Elices Montes, don Pedro Guarro, don Pedro José Imbernó, don Herminio Leiva, don José Novo y García, don Eugenio Sánchez de Fuentes, don José E. Triay y don Vidal María Sotolongo.

La importante casa librera y tipográfica del señor Chao, "La Propaganda Literaria," exhibe, incomparablemente, una carta geográfica de la isla de Cuba, del competentísimo é ilustrado Sr. D. Germán González de las Peñas; el R. P. Viñes, una inestimable colección de observaciones metereológicas y memoria publicada por el mismo; la Academia de Ciencias Médicas, Físicas y Naturales, una serie completa de sus anales y obras publicadas, y el "Centro Asturiano," informes de su constitución, objeto y marcha, con hermosas vistas fotográficas de sus salones, decorado de las mismas y otros departamentos.

Demanda un lugar aparte, como aparte está expuesto, el kiosko del Presidio Departamental. Las obras de los penados retienen la vista del paseante que, por ageno que sea á cavilaciones, aprecia su significación. Zapatos, tabacos, cigarrillos, albardas, cabezales, medias, sobre-camas, todo merece encomio, por las condiciones en que ha sido trabajado; y la enhorabuena más calurosa y merecida, ha de ser la que alcanza al jefe, señor Calbetó, por quien aparecen tan bien presentados las labores de aquellos infelices.

Pasemos á Minas, que es uno de los edificios en que nuestra tierra se impone. La Cámara de Comercio de Santiago de Cuba presenta una colección de minerales de aquella provincia-tesoro, con el plano general de su zona minera; planos geológicos y mineralógicos; fotografías de las minas en explotación y principales criaderos. Las Escuelas Pías de Guanabacoa, la más completa exhibición: una vitrina—pirámide conteniendo minerales cubanos; el señor Vidal y Careta, un cuadro de cuarzos de Guanabacoa; don Ezequiel Fernández Auja, una barra de oro de las minas de Guaracabulla (Santa Clara); Otto D. Drop, mineral de asfalto bituminoso; don José Portela, piedras marmóreas blancas, cenicientas y jaspeadas, de la gran cordillera de los Organos;

Tirso Roca y Agustí, colección de minerales; Nicasio López de Lara, cromato de hierro y ferro cromo; Juan F. Portuondo y Barceló, manganeso; Sigua, Iron y Comp., mineral de hierro; la *Spanish American Iron Comp.*, idem., y don Enrique de Mesa, mineral de zinc y plomo.

En esta sección se ha concedido ya el primer premio á Cuba. Los cubanos son el mejor producto de nuestra tierra, y un cubano ha obtenido, *némine discrepante*, el honor de ser electo jurado de Minas: el esclarecido naturalista, doctor Carlos de la Torre y Huerta. Siento que me brinca el gozo con este nombramiento, y me enorgullezco como si fuera cosa mía; "que cuando menos gloria personal se tiene, más trata uno de agarrarse á la de sus amigos."

En lo que respecta á Bellas Artes, me he ocupado del contingente de Cuba al tratar de este Palacio; pero omití entonces mencionar — y aquí subsano mi falta — un retrato admirable de Colón, por la Srita. Rosa Rodríguez Acosta; dos cuadros de D. Angel Primelles; otro de D. Federico Alzamora; algunos trabajos caligráficos de los señores Otero y Colominas y Calvet; un retrato al crayón, por D. Arturo Quiñones, y otro por Piera, de una francesita popular en el *demi monde* habanero. La junta gestora del Mausoleo de los Bomberos, presenta un proyecto de monumento en honor de los bomberos fallecidos el 17 de mayo.

En dos edificios hubiese brillado Cuba, de haber acudido con productos de su suelo, tan incomparables como sus flores y sus maderas: en el de Horticultura y en el de Forestal. En éste, solo ví dos tosas de caoba sin pulimentar, cuando, compitiendo briosamente con el kurabe sugi, el kiwada y el tochi jaspeados del Japón, con el rojizo redwood y el sicomoro de California, el chimcham purpúreo de Siam, los nogales veteados de la Carolina, los cedros de Australia, las coníferas de los Alpes y el retamo argentino, tenemos allí la olorosa sabina, el manchado granadillo, el tamarindo color crema, el ébano y el maboa de corazón negro, la encendida sangre de doncella, el carey de costa y el yaití. Porque no dan idea de la riqueza de nuestros bosques, las tablitas que, en forma de colección, ha enviado la Cámara de Comercio de la Habana.

Sólo figuramos en el departamento de Antropología, con un ídolo de piedra, de época anterior al descubrimiento, remitido por doña Emilia González de la Vega, y yo recuerdo la colección vastísima de la Academia de Ciencias de la Habana, reunida por los Dres. La Torre y Montané. Otra desidia imperdonable.

Por último, tenemos apenas dos pares de botines en el edificio que llamaré zapatería: todo un palacio destinado á exhibir el calzado del mundo, desde el coturno griego hasta borceguí *yankee*.

Total, ciento y pico de expositores cubanos.

Y después de examinar nuestros productos, ¿qué
deducimos? ¿Podremos estar satisfechos? De la
instalación, sin género de duda; del pabellón de
Cuba, muy halagados. Pero no de la forma en
que hemos concurrido. No me conformo con lo
que se pensaba de Cuba en la Exposición de
Londres, del 62. Un crítico eminente decía entonces: "En buena hora que la isla de Cuba no
tenga industrias, le basta con su tabaco." No,
no nos basta para figurar más honrosamente en
el continente civilizado. ¿Qué presentamos á la
postre? El tabaco, un vicio; el azúcar, casi otro
vicio; y ambos, productos naturales del suelo, en
los que entra poco la inteligencia, el ingenio y
el saber del hombre. Para seguir nosotros, segun
la frase del gran poeta recanatense,

dell' umana gente
le magnifiche sorti e progressive,

tenemos que exhibir ante el mundo riquezas de
nuestras industrias, de nuestras manufacturas,
de nuestras ciencias y artes. Con tan pocos
años de vida como nosotros, lo han hecho los
Estados Unidos. Pero ¡ay! nos encontramos en
tan diferentes condiciones....

Para alcanzar ese estado de progreso, necesi-
tamos, es verdad, libertades y franquicias y apo-
yos en el orden económico y administrativo, de
que carecemos. Hagamos votos porque el politi-
queo en que se encuentra ahora engarfiñada la

gente de Cuba, con motivo de las reformas de
Maura, se resuelva en este sentido práctico y
útil, en radicales soluciones para nuestra existencia productora; y así, algún día cercano, con la
vitalidad generosa de las fuerzas cubanas siempre
decididas, podremos aparecer más *virtuosamente*
— permítaseme la expresión — en estos Certámenes en que tanto se aprende y en donde tanto
se ensanchan los horizontes del espíritu.

El "Wiking"

LOS acontecimientos se suceden en Chicago y nos distraen del examen de la Exposición, en sus múltiples palacios. Después del incendio del 10 – horrible catástrofe que redujo á cenizas y á escombros un edificio refrigerador, especialmente destinado á conservar aquellos artículos que pudieran echarse á perder por efecto del calor; catástrofe en la que perecieron veinte y tantas personas – el suceso notable ha sido la llegada del barco noruego *Wiking*, al que se le ha hecho recibimiento más expontáneo y caluroso que el que se les dispensó á las carabelas.

El día 12 de Julio, día de Noruega, señala una fecha memorable como pocas en Chicago. Y se comprende, por el número considerable de hijos del Norte que residen en esta ciudad. El Mayor Mr. Harrison, al dirigir la bienvenida al capitan Andersen, jefe del *Wiking*, manifestó que

Chicago era la cuarta ciudad escandinava del
mundo y que la misma Noruega no poseía más
que una población que tuviese tantos escandina-
vos como aquélla.

Por cierto que ha sido peregrino el saludo del
alcalde, el cual ·se me figura un humorista de
guardarropía. No sé qué arresto, ó cosa que lo
valga, tuvo el capitán Andersen en su viaje por
el Este, donde no se le reconoció. Lo que me
consta es que Mr. Harrison ha sacado un gran
partido de tal incidente, para su *speech*. Tomó
un yeso, hizo con él una marca al capitán, como si contraseñara un baul, y declaró á raiz,
muy enfáticamente, que no tuviese cuidado de
sufrir en Chicago ningún contratiempo, porque
sería *ya* reconocido por la policía, por los vecinos, por todo el mundo. . . . .

Mr. Palmer también incensó al capitán Andersen, bajo la cúpula del Palacio de Administración. Díjole que oficialmente proponíase la
ciudad hacer mayores preparativos para el recibimiento, pero que lo había impedido la catástrofe del 10 ; que la Comisión Nacional de la
Exposición representaba sesenta y cinco millones de hombres, los cuales, por su conducto, le
dirigían cordialísima bienvenida; que todos siguieron con avidez creciente el viaje del *Wiking*
á través del Atlántico, y su excursión por mares, ríos y lagos, hasta llegar á Chicago; ha-
bló luego del carácter marino de los noruegos,

de la significación de los *wikings* en la época
en que aparecieron, terminando con la afir-
mación de que las carabelas no quitaban gloria á la empresa realizada por aquéllos, y que si
España guardaba la aureola de haber descubierto al mundo un continente, Noruega la tenía de
haber dado jurisprudencia á la América.

Tales salutaciones — á las que contestaba emo-
cionado el intrépido capitán — hacíanse en medio
del estruendo de campanas y pitos, de salvas de
cañón é himnos musicales, de un desfile de barcos sobre el lago, y de una multitud aparejada
en toda la línea de la población que humedece
el Michigan.

* * *

¿El por qué de tanto? A ello voy.

El capitán Andersen es un tipo calcado en un
personaje de Julio Verne, heredero étnico de la
fisonomía de su raza, aventurera y dada al mar.
Hace pocos años, acompañado solamente del
que hoy es uno de sus compañeros en el *Wiking*,
Christes Clinstensen, atravesó el embravecido
océano en un bote abierto. Cuando se inició el
proyecto de las carabelas, fuése á Noruega y
por medio de subscripciones populares logró que
se construyera un *fac-símil* del barco que se supone fuera el primero que, ochocientos ó mil
años atrás, llegó á la América del norte, sin que
los *wikings* que lo conducían tuviesen la mali-

cia del descubrimiento. Es decir, que por callarse la boca, se perdieron los navegantes de la fama de Colón, y Noruega, de la gloria de España.

Se acepta la creencia de que Leif Erikson llegó á las costas de América al mando de los *wikings*, guerreros del mar, ó lo que en estos prosaicos días se conoce con el nombre de piratas. El esqueleto de una embarcación encontrado en Rhode Island — que dió asunto á un magistral poema de Lonfellow — se supone que fuera uno de los barcos de Leif. Estos *wikings* merodeaban por las costas de Islandia y Groenlandia, á mediados de la octava centuria.

La historia después nos ha enseñado con certeza, que aunque nada puede excusar á los ojos del siglo XIX, la rapiña y ejercicio sanguinario de los *wikings*, da la razón de ser de aquella piratería — si no la justifica — una ley odiosa é injusta por la cual los noruegos dejaban toda su hacienda al hijo mayor, y los segundones y hermanos menudos, tenían que buscarse la vida en esas expediciones trashumantes.

En un *mound* ó terraplén cerca de Gokstad, se encontró el casco de un barco que parece haber sido enterrado junto con el *wiking* que lo mandaba, según era costumbre entre esa ralea. El jefe se halló sobre ruda cama, cerca de la mitad del bote, esto es, el montón de huesos que se supone sean del famoso pirata. El barco es de bellas líneas y construído en semejante forma

á la que dice Tácito en que estaban hechos los
botes de los *suewes*, iguales en los dos extremos,
de modo que lo mismo podían ser dirigidos por
uno que por otro. Ese barco fué trasladado á
Cristianía, por orden del gobierno, en julio de
1880, y es el que ha servido de modelo al que
manda el capitán Andersen.

Consta de 75 piés de largo por 15 de ancho.
La quilla sólo mide 60 y los extremos 3½. Es
de un palo y una vela, con la que han hecho la
navegación oceánica en 27 días, sin usar los remos, los doce marineros que constituyen la tri-
pulación. Nada de camarotes, ni cubierta. Los
nuevos *wikings* ó *wikingios*, como escribe el
sabio escritor Juan Fastenrath, han tenido por
resguardo una desoladora intemperie. En ba-
nastos traían las provisiones, que cocinaban mo-
nótonamente con aceite.

La forma del bote — que no otra cosa es — tiene en realidad una fina elegancia. Lleva el ti-
món á un lado; monta sobre las bandas plancho-
nes de hierro á manera de escudos, de una vara
de diámetro y pintados, alternativamente, de negro y amarillo; y en vez de mascarón, levanta en
la proa la cabeza de un *hipocampus*.

Cuando pisé el fondo de aquel juguete marino y ví en Andersen y sus compañeros el arrojo
y la valentía de sus ascendientes, se empequeñe-
ció en mi memoria la figura del genovés afortunado, y creí posible el hallazgo de Leif Erikson.

9

¿No están averiguados sus merodeos por las lejanas costas del *País de vino?*

Pero justa ha sido la posteridad: ha tasado el valor que existe entre la ventura y la conciencia, entre el resultado del azar y el producto de un convencimiento científico.

(12 de julio).

Palacio de Manufacturas.

HACE un mes, día por día, que no salgo de este inmenso edificio, considerado tres veces mayor que la iglesia de San Pedro en Roma.

Para ver simplemente la industria del mundo encerrado en el piso principal — dejando para más tarde los salones de la segunda planta, en los que se exhiben las artes liberales — es de matemática exigencia, el tiempo que le he dedicado. Por eso me pasmo cuando encuentro personas que aseguran conocer la Exposición, en seis días que la visitaron, y me abismo cuando leo las cartas acerca de ella, que pretenden dar idea de su magnitud y en las cuales lo más notable é importante suele quedarse en el tintero.

Arranco del centro del incomensurable salón que se halla libre de pilares de soporte, y arrastrado por el deseo, me dirijo á la instalación de Francia, que esta vez vuelve á empuñar el cetro de su soberanía. He examinado con gran atención los pabellones de Alemania, Inglaterra, Austria, Italia, los Estados Unidos, buscando en ellos una ventaja respecto de las instalaciones francesas; pero, ¡ay! imposible: si aisladamente hallan competidoras, en conjunto triunfan por su calidad y su fineza.

Alemania é Inglaterra, que son las únicas naciones que pueden hombreársele y tocan esa tangencia refinadísima que ya es imposible superar, alcanzan un puesto menos que Francia, en un examen desapasionado. Francia da como la última mano á las industrias alemanas é inglesas, el barniz postrero, el pulimento definitivo, y á veces, algo impalpable, un espíritu de arte y de exquisita esencia que constituye la superioridad de su manufactura.

El pabellón francés esta formado por arcadas que soportan salientes cariátides; frescos alegóricos decoran la entrada principal, y frente á ella, una estátua de la República embraza el libro de los *Droits de l' homme.* Esta hermosa matrona en el frontis, parece indicarnos el camino por el cual se logra la producción máxima de todo progreso y de toda cultura, el compendio de lo que ha llegado á ser la corte de los Luises, desde la redentora promulgación de aquel libro sublime.

Ya en la entrada, el ambiente es otro, la at-

mósfera se satura de los olores mil que emanan
de las vitrinas de perfumes, en medio de las cuales
las casas de Rigaud y de Pineau abren un
grifo que empapa incesantemente los pañuelos
de los visitadores. Acuden á esta fuentecilla las
jóvenes americanas, con más anhelo que si acudieran
á la cita del novio. ¿Les habrán hecho
creer estos parisienses mefistofélicos que aquella
esencia de Kananga tiene para las solteras igual
virtud que la tarasca?

Pasemos de prisa, de prisa, por los productos
químicos y farmacéuticos y la industria papelera,
para recrearnos ante los muebles y la tapicería.
¡Oh! ¡Qué elegancia y refinamiento en el
decorado de salones y gabinetes! ¡Qué sello aristocrático
el de los muebles artísticos que reproducen
los que pertenecieron á Luís XIV, XV y
XVI! ¡Cómo se han combinado mármoles, bronces,
ónix, pórfidos, ágatas, metales de oro y plata
y preciosísimas maderas talladas y al relieve!
Aquí, un vaso de bronce del palacio de madame
Pompadour, cuyo estilo floreado caracteriza una
época; allí, un confidente de tisú con hojas que
pasan desde el haz al envés y que perteneció á
María Antonieta. Se han copiado gabinetes
exactos de los tiempos del Trianon, mobiliarios
históricos del Museo Nacional y ornamentaciones
muzárabes, completando la belleza de los
trabajos de marquetería, el adorno de espléndidos
tapices.

Punzábame el ansia vieja de conocer la manufactura nacional de los Gobelinos, y en un instante estuve indeciso en darme cuenta de si aquella obra soberbia de asunto, de línea y de color, titulada *La filleule des fées*, y que firma Ehrmann, era una pintura ó un tapiz. Me acerco, y aprovechándome de un descuido de los guardianes, vuelvo por una punta la tela y me convenzo de que aquella admirable producción es un tejido. Me extrañó el puesto que ocupan en el Certamen los tapices Gobelinos, al clasificárseles como producto manufacturero, porque su sitio estaba señalado en el Palacio de Bellas Artes.

En cerámica descuella Francia con sus porcelanas de Sevres y de Limoges, las cuales compiten con China, superan á Sajonia y sólo tienen por encima las de Inglaterra. Esta parte de la instalación francesa es brillante en jarrones, vasos y otros receptáculos decorativos. Sevres ha encontrado caolín en abundancia y con la mezcla del petunce construye esas vasijas de color azul profundo, ceñidas con cables de bronce, á los que no cuadra más sitio que la cámara de un rey, ó el estudio de un artista. En el departamento adjunto á la cerámica, se hallan los finos mosáicos de Briare, de imperecedero esmalte, risueños *bibelots* de *terra cotta*, repujados cristales de Baccarat y ornamentación arquitectural, en piedras policromas.

Los franceses han hecho cera del bronce; tal es la flexibilidad con que lo amoldan á las más atrevidas expresiones plásticas. La tienda del célebre Barbedienne, constituye un museo privilegiado de bustos y estátuas. La de César Augusto, cuyo original fué descubierto en Roma, en 1863, aparece aquí en bronce, como apareció en París el 89, conquistando el Gran Premio. Aquella estátua se justiprecia en 56.000 duros.

Shakespeare, Diana di Gabia, Napoleón I, veinte años después de su muerte; Mozart, Mignon, Margarita, Teseo luchando con el centauro, la Venus de Milo, Carlos V (del original que se encuentra en el Museo de Madrid), la Zíngara, Milton, el soldado de Marathon, David victorioso, Ajax, Otello y el Tiempo y la Canción, de cuyos labios broncíneos se exhala, según la estrofa inscripta en su pedestal: *L'ineffable écho d'un inmortel amour*, son las piezas maestras de este departamento.

Pero no olvidemos el gran vaso "La Vigne," copia selectísima de Gustavo Doré, y la estátua de Lorenzo de Médicis, cuya figura prócer ha perpetuado Miguel Angel, como el Taso inmortalizó al príncipe Tancredo.

Es rica y copiosa la orfebrería parisién, y relampagueantes de lujo y de gracia los candelabros, lámparas, estatuítas, chimeneas, relojes y objetos de adornos en que entran la combinación del bronce y que fascinarían el espíritu, cegando los ojos, si muy cerca de ellos no lanzaran las joyas su constelación de luces prismáticas, en diademas, brazaletes, collares y *rêveries*. Vever, Basson, Brunet, Charvet y Magon fueran los primeros en este Palacio, de no haber acudido Tiffany con una exhibición fantástica, con un mundo de astros blancos, azules, rojos, verdes y violáceos, sobre el cual gira, sujeto por una garra de oro, un brillante amarillo, sol que recibe en sus facetas los fulgores de su precio: de cien mil pesos. Es una piedra monstruosa, de 125⅜ quilates, cuyo grandor es tal, que deja pequeñitas á las sartas de perlas, zafiros, esmeraldas y rubíes mayores del mundo que le forman ruedo. Tiffany, cuya casa de New York – que visité – es otro museo de preciosidades, discierne el honor de ese primer puesto indiscutible, á los Estados Unidos.

Las joyas tienen para las mujeres el atractivo funesto que tiene la llama para las mariposas. Vedlas allí, delante de los cocodrilos escamados de estrellas ó de las serpientes de anillos deslumbradores: calenturientas, seducidas por aquellos reptiles cuyas mordeduras sangran y envenenan. Yo aborrezco las joyas, porque son las homicidas del amor, las petrificadoras de más de un corazón femenino. Surgen de la obscuridad de la tierra, para dominar sobre ella, con sus resplandores infernales.

Igual contemplación pertinaz del bello sexo

obtienen las sedas incomparables de Lyon, expuestas con magnificencia. ¡Qué daño nos ha hecho también ese gusanillo laborioso que deja sobre el cocón el hilo que vemos luego convertido en brocados y gasas! He visto en el Palacio de Agricultura el proceso de la seda, desde que sale de la oruga y se hace después madeja, hasta que entra en el telar y se trama en múltiples aplicaciones.

Las mujeres no sabrán cómo se producen las riquísimas telas que constituyen su pasión mundana, pero sí cómo se transforman en vestidos primorosos de elegancia y de lujo, entre las manos de Vorin-Blosier, de Rouff y Revillon. Las instalaciones de estos modistos encierran cuanto puede provocar la presunción de una Venus... que quiera cubrir las formas. Las *toilettes* son completas. De calle, de visita, de *soirée*... vamos, como se viste una parisién del alto mundo, lo mismo en el estío, con sombrerillos de paja recubiertos de flores, traje aéreo y á cuerpo gentil, que en el invierno, con capota felpuda, vestido de serio porte y con pieles de la nuca al tobillo, sin olvidar, por de contado, el guante, el pañuelo, la sombrilla, todos los adminículos menores de la indumentaria femenina.

La de los hombres está representada al gusto de un *dandy*... pero, ya lo dije, el *dandy*, el Brunnel, es inglés, y á Londres le corresponde la cabecera en el traje masculino. Francia es

dueña de la moda de las mujeres; Inglaterra, de
la de los hombres. El paño y el corte, el sombrero y el zapato ingleses, tienen el sello de la.
suprema elegancia.

Y para que no se me crea afrancesado, porque en justa medida dedico á Francia una crónica entera, pasaré muy por encima de los encajes valiosísimos y ambicionados de Chantilly y
Alerçon, de las flores artificiales, de la jugue-
tería, de los trabajos en cuero, de las armas de
guerra y de caza, de la balística y de otras infinitas industrias, necesarias ó supérfluas, pero siempre gratas, que los franceses exhiben pomposa-
mente.

Antojado de todo, famélico ante tantos objetos apetitosos, sufrí por aquellas galerías suplicio
más negro que el de Tántalo cuando huía de sus.
labios el agua que le bañaba y elevábanse al cielo los frutos que acababan de presentarle su pul-
pa deliciosa.

En esquina opuesta sesgadamente á Francia,.
se ha instalado, con soberbia, Alemania. Ambos.
pueblos gigantes han traído á la Exposición su
espíritu de rivalidad, y en este palacio se divi-
den las opiniones á favor de uno ú otro. Alemania se ha instalado más aparatosamente, con sello de imperial grandeza, con la pujanza de sus.
músculos guerreros. Su vasto pabellón está encerrado por altivas verjas que parecen arranca-
das de un jardín feudal, y su arquitectura se

destaca por encima de todas, ostentando en el tope, magnífico grupo en bronce, de imponente majestad.

Negarse no puede, y yo lo reconozco, que es más grandiosa la forma en que se levantan los alemanes; pero dentro, en las instalaciones parciales de las industrias respectivas, triunfa el *savoir-fair* de los franceses.

El estilo decorativo de Alemania, opulento, con recargazones fastuosas, llega á pesar en los espíritus que aman la grácil ligereza de la forma. El terciopelo y el oro y los relieves y los retorcidos aglomerados, abruman y fatigan. Algunos objetos de Alemania no pueden verse sin que sintamos cierto ahogo. Se han reproducido tres habitaciones del Palacio Imperial, que deslumbran por su magnificencia. Mármoles variados por todas partes, cortinones de doble seda, ensambladuras lujosísimas, damascos, tisús, pieles, poltronas forradas de cueros cordobeses, y el oro amasado en el techo, en las puertas, en las ventanas, en los rincones, en las rendijas, tapando, en fin, el último hueco, para no dejarnos respirar.

Esto no va escrito en són de crítica, porque soy un admirador ferviente del pueblo alemán; es la expresión de mi gusto, que odia todo lo recargado, cuanto pueda parecer barroco y fatigante.

En determinados productos se muestra aquí

la superioridad de Alemania sobre Francia: en los químicos y farmacéuticos, por ejemplo, de los cuales hace gala la patria de Von Hofmann, Liebig y Wohler.

No opino lo mismo en los muebles y objetos de ornamentación y decorado, por las razones al principio aducidas. Los países, como los hombres, tienen su fisonomía, y Alemania ha de ser consecuente con la suya, en el orden del gusto. ¿Quereis saber en dónde se caracteriza el típico de esa gran nación? En sus cornucopias historiadas. Es increíble que país que tiene por diosa á Meleta, musa de la reflexión, esto es, un país tan sereno, no tenga una línea tranquila en sus adornos.

Los muebles que más se exhiben pertenecen á la época del renacimiento alemán. Dos, del rey de Baviera, señálanse por su finísima talla y sus incrustaciones que pierden el dintorno: de un modo tan sorprendente se unen á la madera madre. Pasan los muebles severos, obscuros, los nogales y ébanos pesados, y llegan los de palo de rosa y de laca, de espejeantes barnices.

Luce Alemania, con su porcelana de Sajonia, brillantísimamente, sus mosáicos, sus mayólicas celebradas, lozas de piedra, vasos de arcilla y multitud de trabajos de alfarería.

El oro, la plata y el bronce, materiales son que en Berlín se han convertido en joyas costosísimas y en estátuas admirables. Con el óxido

aplicado á la plata, se producen cachivaches elegantes y serios, que ni de perlas para colgar en
aquellos aparadores de madera mate, propios de
un comedor real; el oro se ha casado con el brillante y el rubí, el ópalo y el coral, para aspirar á
la cabeza, al cuello, las orejas, los brazos y los
dedos de una vanidosa, y el bronce se ha plega-
do humildemente al capricho artístico de inspi-
rados orfebres. En las esculturas, los cincelado-
res que no se han acordado de los Federicos y
Guillermos, han acudido á asuntos de la leyenda, como queriendo dar cuerpo á lo vago, simbolizar el mito de los Mirmidones transformados
de hormigas en hombres, ó materializar á Kay-
pora, espíritu de los bosques que, según la
creencia de los indios americanos, roba los niños
y los oculta en los troncos huecos de los árboles.

Cuanto cabe dentro de la industria humana,
poseen los alemanes á relevante altura: tapices,
relojes, seda, paños, hilos, algodones, encajes,
bordados, armas, todo; mas precísame abreviar,
para, señaladamente, decir lo mejor con que se
exhibe cada pueblo.

Lleguemos á Inglaterra, que completa la trilogía dominadora en manufacturas. ¡Qué seria,
qué pulida, qué poderosa es la Gran Bretaña!
El sentimiento del respeto nos nace al atravesar
sus galerías. Nadie como ella tiene esa porcelana trasparente y delicadísima que se viste de
medios tonos rosa, crema y azul, tiñendo sus

perfiles de oro; ninguna la supera en sus muebles traídos del Museo de Kensington, en donde los hay del renacimiento florentino, con incrustaciones de marfil, nácar y carey, capaces de producir locura á un adorador del fausto; no otra que ella posee los encajes por los cuales suspiran más mujeres que enamoradas por sus amantes, ni telares que fabriquen mejor lino, ni mejores paños.

Pero lo que halaga más que el exquisito y vasto desarrollo de la industria inglesa, reflejo verídico de su civilización depurada, es cómo ha llevado ésta á todas sus colonias. Canadá, á cuyo lado son raquíticas las exhibiciones de algunos reinos europeos; Jamaica, Nueva Gales, la India, las posesiones, en una palabra, de Inglaterra, han venido á hacer el panegírico de su sabia metrópoli. Por eso yo comprendo que los canadenses quieran pertenecer á ella y que el retrato de la reina Victoria se coloque en sus pabellones, como una reliquia, como la estampa de un santo. Testimonio elocuentísimo y patente incontrovertible, de cómo un país puede amar la dominación de otro, cuando éste se produce, respecto de aquél, con leyes justas y liberales, honradamente aplicadas.

Compartiendo la casa con Alemania, como comparte su vida política, encontramos á Austria, nación que se distingue por su mobiliario de Viena, del que sólo se conoce en Cuba la for-

ma vulgar de los brazos y patas curvas, muy
otra en belleza de la que se construye en aquella capital, para el uso de la gente de tono; por
sus trabajos en marfil, que son filigranas de cin-
celadura, y especialmente, por su cristal bohemio,
en cuyas copas han bebido todos los poetas.

Traedme el fino vaso
de cristal de Bohemia...

Y ahora me explico el deseo de los ro-
mánticos, porque en esas copas que usurpan sus
colores al índico y al magenta, deben paladear-
se más dulcemente las libaciones.

Italia ha vencido en las estatuítas de mármol
y alabastro. Una, titulada *Sorpresa,* es la encar-
nación petrea y blanca de una joven de formas
mórbidas y gráciles, sorprendida en momentos
de.... calor, es decir, con la más simplificada
toilette. Aquellas manos, queriendo abarcar lo
imposible y convertir la camisa en manta impenetrable, y aquella sonrisa entre picaresca y pudorosa, valen lo que ha valido: que penda de su
pedestal un racimo de tarjetas solicitando, á
ciento, reproducciones de tan provocadora escultura.

Son igualmente sin rivales, los mosáicos de
Florencia, los espejos de Venecia y los cama-
feos de Roma, que parecen grabados por el mismo Dioscórides. Milán, Turín y Nápoles, sobresalen por sus muebles de taracea.

Después de los Estados Unidos, sigue el Japón, en número de expositores. En la Exposición se da la sorpresa de que países que teníamos por semi-bárbaros se adelantan á viejas y engreídas naciones europeas. Dígalo el Japón, con más de dos mil manufactureros notables en diversidad de industrias. Pero sólo citaré, por ser su fuerte, la porcelana y la seda. ¡Qué lujo en una y otra! Se diría que por aquellas tierras sobran el feldspato y los gusanos laboriosos. Jarrones he visto de tres metros de altura, y piezas de kopín con las que se pondrían de baile todas las mujeres del orbe. Júrolo por Kío.

Rusia es la czarina en las pieles, los esmaltes y la malaquita. Una fortuna cuesta tanto animal sajado por el vientre, tanta fiera de irascibles entrañas y de piel suave y acariciadora. No me daría gusto dormir sobre el lomo de un tigre que, aunque muerto, me mirara con ojos fosforescentes y los incisivos amenazadores. Las damas veo que se perecen por las cebellinas y los armiños, que son en invierno el más aristocrático adorno del cuello. Los esmaltes rusos tienen una señalada labor de gusto oriental y la malaquita parece la pasta vítrea de que se hacen los ojos verdes.

El pabellón de España en Manufacturas creo que es un *fac-símil* de la mezquita de Córdoba, como es en vinicultura una copia *in partibus* de la Alhambra. España se ha complacido en pre-

sentarse con los trajes de su tradición árabe; lo
que demuestra que los pueblos, al través de los
años, suelen sentir una reacción cariñosa hacia
los que le dominaron un día. La instalación es
obscura y pobre, y fuera indigna de la nación
que tan alto puesto ocupa en el descubrimiento
de la tierra en que se celebra la Exposición Colombina, si no hubiesen acudido los catalanes
con sus industrias estimadísimas. Además, detienen al visitador, dos espléndidos jarrones de
acero repujado de oro, por el estilo de los trabajos de Eibar, de la señora Teresa Guisasola, una
artífice consumada. El jarrón griego se avalúa
en veinte mil pesos, y el del renacimiento, en
cuarenta mil.

Bélgica tiene la consideración de sus encajes,
aunque no hemos visto aquí los famosos de Ma-
linas, y Suiza, la de sus célebres relojes y sus
esculturas en madera. La trinidad escandinava,
Dinamarca, Suecia y Noruega, favorece los trabajos de ebanistería, los bordados, la *terra-cotta*
y los productos textiles; pero háceles falta que
Odín, su viejo dios, multiplique sus activida-
des, como multiplicó las patas del caballo Es-
leiper.

¿Y los Estados Unidos? – preguntarán ustedes.
La confederación norte-americana acude con
cuarenta naciones, porque sus Estados se exhiben como tales, en cantidad de industrias. Este
enorme país lo tiene todo y prueba á la faz de

la cita internacional que ha hecho al mundo, que se basta á sí propia y no necesita, si se le antoja, acudir al cambio de productos. Cuantos existen posee, y número de hijos para consumirlos. Él pudiera cerrar el Atlántico é incomunicarse con el viejo continente. Decorados, ornamentaciones, porcelanas, bronces, tapices, mosáicos, mármoles, metales, esmaltes, relojes, sedas, paños, encajes, pieles, perfumes, cueros... todo, en fin, lo encierra el pueblo americano, y aun va más allá en la aplicación útil de aparatos é invenciones pequeñas, tendentes á la perfección absoluta en los usos prácticos de la vida.

Ahora bien, esa totalidad de industrias ¿se halla á la altura de las extranjeras? Ni con mucho, y la razón es obvia: el progreso viene al compás del tiempo. La desgracia de los jóvenes, son los viejos, á quienes siempre parece que copian, sin llegar á la maestría que da á éstos la experiencia. El joven es rapsoda, imitador ó plagiario, por vigorosas que sean sus facultades creadoras. Todo está andado y tan difícil es descubrir un derrotero original, como nacer con la perfección mecánica que sólo ofrecen la constancia y los años.

Procurar ser viejo antes de tiempo, es decir, consagrado de autoridad, anticipando los lapsos fatales con el estudio y el esfuerzo, ese es el camino del joven, y esa es la ruta de los Estados Unidos, cuyas manufacturas aspiran briosamente

á contender, en porvenir cercano, con los decha-
dos de las antiguas civilizaciones.

Observación que aplico á Méjico, la Argentina,
el Brasil, San Salvador, Uruguay, Colombia,
Ecuador y demás repúblicas nuevas, cuya representación en este concurso es brillante, en cuanto
á las producciones nativas de su suelo, y aprecia-
bilísimas en el orden industrial.

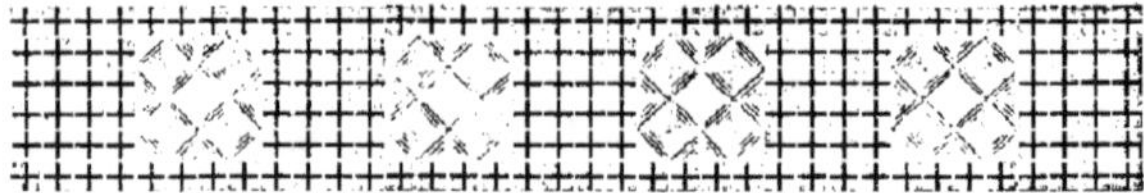

Midway Plaisance.

EMOS un poco de paz á las cosas y metámonos con la gente que se exhibe en el *Midway Plaisance.* Este es una avenida de ochenta acres, un desagüe de la Exposición, por donde se lanza el caudal de visitadores en busca de un placer raro que siempre encuentra. Es verdad que la bolsa se afloja al pasar por tan apetitosa calle, pues para gozar de sus atractivos precisa adquirir esos *tikets* malditos que, sumados, constituyen la vida de un mes. Pero es preciso verlo todo, y ¡arda Bayona!

El que no quiera andar en líos con la palabra saldo, que es la más insonora cuando se acusa en el *debe*, tiene ya un espectáculo maravilloso de color, una mancha indescriptible de luz y movimiento, con sólo pasear por aquel ancho camino que encauza, en recta dirección, una continuidad de construcciones discordantes, de

un abigarramiento asaz llamativo. Castillos me-
dio-evales, circundados de fosos; palacios moris-
cos, cabañas de indios, kioscos, *restaurants*, tiendas de campaña, circos, barracas, *cottages* diversos, reproducciones arcaicas de históricas aldeas,
forman la seductora calle del *Midway*, en la que
se confunden hombres y mujeres de distintas
razas, con su típica indumentaria: el javanés,
con su pañuelo por delantal; el turco, de birrete
encarnado; el árabe, de turbante azul; el indio,
con su diadema de plumas. Y para ofrecer á
tanta vistosidad la animación del ruído, cantos y
músicas populares de cada tierra, ecos lancinan-
tes ó alegres, sordos ó atronadores de mil instrumentos; kásidas amatorias de la tunecina de
ojos ovales; desgarros del bandolín que hiere la
mano de una argeliana enardecida; ronco tronar
de tambores africanos; cadencias de valses alemanes; dúos pastoriles de mozas suizas que imitan el falsete melancólico del alphorn; concierto
vario de guzlas y flautines, banjos y xylofons, pitos y dulzainas....

El *Midway* no sólo tiene colorido y ritmo,
sino también su perfume original, la mezcla aérea de los aromas del té de Java y del café de
Moka; del pan de Viena y las frituras turcas; de
la sidra francesa y el *lager* alemán.

Todo lo dicho disfrútase al aire libre, *gratis et
amoræ;* pero ¿quién se resiste á los reclamos de
la curiosidad; quién no desea ver tanto nuevo;

quién deja la ocasión de gustar el oriente sin copado?

Sepa usted cómo se talla el diamante y se producen las facetas que deslumbran; cómo se fabrican esas vasijas cristalinas que sirven en el hogar de utensilio y adorno; cómo con el vidrio hilado se hace un tejido que la seda envidia. En el *Libby Glass Works* se ha terminado ya el traje de que se antojó doña Eulalia y que cuesta la broma de cinco mil duros. Esa tela es flexible y se presta á los retorcidos del figurín, como el mejor brocado.

A izquierda y derecha del *Midway* se levantan los castillos de Blarney y Donegal, construídos por la asociación *Irish*, de Irlanda, sociedad filantrópica que exhibe objetos tradicionales de aquel país é industrias de sus peculiares instituciones: ruecas, escaños, chimeneas, telares, jarros y muebles y armas del siglo XII.

Frente al castillo de Blarney, tenemos una *Exposición universal de belleza*, ó, más propio, de vestidos; porque salvo las chinas y japonesas que tienen una marca imposible de falsificar, casi todas las mujeres que se hacen exhibir por hijas del Tirol, Grecia, Arcadia, Syria, etc. y que visten el traje característico de esos países, son *yankees* con toda exactitud. Ocupan los sitios de honor, las francesas y las americanas, como si rivalizasen en elegancia. Y rivalizan. Es claro: aquí las han vestido á su gusto.

Abundan los panoramas, dioramas, cicloramas, ó como quieran llamarse. Los Alpes, con toda su grandeza magestuosa, han pasado por delante de mis ojos, iluminados con luz eléctrica. He visto las altas cúspides azulinas, bordando un horizonte radioso, envueltas en las tinieblas de una tempestad y tocadas de nieve, mientras voces femeninas ocultas entonaban tirolesas arrulladoras y se oían en el piano los aires sicilianos de *Cavallería Rusticana.* La plataforma de uno de estos panoramas, para producir con más verdad nuestra ilusión, está hecha con rocas y yerbas y flores alpinas, entre las que muestran los rododendrons sus corolas moñudas. Otra vista imponente es la del volcán Kilawea, en la isla Hawaï. En un ciclorama poligonal, es imposible que se haya simulado con mayor exactitud la fiera erupción de este "infierno del Pacífico."

Paso arriba de una exhibición de mosaicos decorativos de Venecia, que para mí los quisiera, está Hagenbeck, el circo de fieras más notable del mundo, en el cual hallamos una colección etnológica de armas y utensilios de diferentes partes de Africa, Nueva Caledonia, Nueva Guinea, Groenlandia, Ceilán, etc.; un acuario artificial de corales, gorgonias, conchas y peces del océano Indico; trofeos, cráneos, cornamentas y pieles de distinta variedad, y un rico museo de cuadrúpedos y aves. En el circo, separado del público por cerrados balaustres, hacen los domadores con las fieras, prodigios que son para vistos, no para narrados. A la débil instigación de una fusta, el león salta sobre el lomo de un caballo, con la agilidad del acróbata ecuestre; el tigre anda sobre un globo, guardando un equilibrio que al hombre le sería difícil; el oso ejecuta maravillas, sostenido en las patas traseras; y leopardos y panteras y elefantes y jabalíes y caballos y perros forman grupos sorprendentes. Es hermoso ver al rey de las fieras, con corona dorada y manto de púrpura, en olímpico carro del que tiran parejas de tigres. Me convenzo de que para el hombre, señor de la tierra, no hay nada imposible. Domeñar á la bestia felina al extremo de hacerla, no ya sumisa, sino *humana*, en el sentido inteligente, es lanzar un reto á la inmutable naturaleza. Alguna vez la fiera ruge, amaga con la garra y muestra los colmillos con una sonrisa diabólica; pero el domador la provoca, la castiga, y el animal cierra el hocico y guarda el zarpazo. ¿Hay *fiera* como el hombre?

Frente á Hagenbeck han construído los javaneses su aldea, con muros de esteras y arcos de bambú. Es aquel un pueblecillo con plazas, hogares, cafés, tiendas y teatro, donde la piedra es sustituída por la paja, y la cal, por el tejido. No se puede vivir más al fresco, ni otra construcción sería adaptable á su clima ardoroso. El color y hasta la fisonomía de esta gente, es achinado, con un tono de piel algo más obscuro.

Hay algunas javanesas bonitas, á las cuales se les
puede ir á comprar un pito, ó una servatana, sólo por verlas y oírlas mal decir, ó decir mal, dos
palabras en inglés y mostrar los dedos y las
uñas teñidos con betel. En el diminuto pueblo
se venden productos nativos del archipiélago, y
se anuncian, en cartelones fijos en las puertas de
las chozas, las obras pictóricas de sus artistas y
sus producciones literarias escritas en lengua
polynesia. Debe ser curioso cómo cantan los javaneses el amor y los divinos misterios de Buh-
da. En el teatro, jóvenes con los brazos y piernas desnudos, danzan al són de una música fa-
ñosa y estridente, producida por instrumentos
que suenan á toques de caldera y rozaduras de
tripa. No es por cierto el baile monótono de estas mujeres, que sólo menean las manos y dan
poco ejercicio á los piés y al cuerpo, como aquel
de las bayaderas que describe tan animadamen-
te Jacoliot, en sus viajes deliciosos. Al abandonar esta aldea, no puedo dejar de despedirme de
un guapo orangután de Sumatra, que vigila la
entrada. Saludemos á ese viejo hermano....

Con tipos, formas y costumbres casi bárbaras,
han alzado aquí sus chozas los indios del Mar
del Sur, malayos de pelo esponjoso y recia mus-
culatura. Apenas visten un pequeño taparrabo
mugriento, y en brazos y piernas les azulean las
marcas de los tatuajes. Su canto es inacorde y
se acompañan de tambores y tabletas que pro-

ducen la desafinación más atronadora. El mueble ostentoso que decora el portal de sus viviendas, es la canoa primitiva, de largo y bien ahuecado leño. No sé cuál es su Venus, ni si llaman á su dios Mesú, nombre que los salvajes dan al reparador del mundo después del Diluvio.

Tenemos á Viena, en café, en *restaurant* y en una reproducción magnífica de su antiguo pueblo, es decir, de una de sus aldeas características, hace doscientos años. La arquitectura desigual y desequilibrada de los edificios, pintados de gris y con letreros góticos, en los cuales son siempre rojas las mayúsculas; el ambiente vetusto que allí se respira con el encanto solemne de lo histórico, y las orquestas que en los centros de los anchurosos patios, cuajados de mesitas, ejecutan brillantísimos himnos nacionales, á la par que se escancia en la copa de tarro el ámbar espumoso de la cerveza helada, y que nos vemos entre el bullicio de una concurrencia culta que allí se aísla del vulgo, por lo caro que todo cuesta, nos hace prisioneros de aquel recinto toda una tarde, para volverlo á visitar en la siguiente.

En uno de los salones del café de Viena se ha establecido el *Natatorium* y un teatrillo en cuya escena alegres muchachas bailan una cuadrilla francesa del *Black Crook*, con la habilidad de poner la punta del pié más atrás del moño; los hermanos Dixon ejecutan cómicas piezas en pe-

regrinos instrumentos, y el famoso pujilista Cor-
bett, vencedor de Sullivan , luce su pujanza
boxeadora y su agilidad y destreza irresistibles,
·poniendo como trapo de muleta la cara de un
contrincante asalariado, sin duda, para aguantar
sus golpes.

En la banda opuesta de este edificio, aparece
el *German Village*, castillo con severo carácter
de la Edad Media, y un dilatado jardín para
conciertos. En las bandas de Berlín, he venido
á conocer el primor armonioso de los valses de
Straus y Watteufel. Los alemanes tienen aquí un
valiosísimo museo etnográfico, desde la prehistoria hasta el renacimiento, y colecciones de armas, joyas, vestidos, estátuas, piedras, metales
y tipos.... de su pasado y presente poderío.

Los turcos se han apoderado de medio *Midway*; sus pabellones se encuentran á diestro y
siniestro. Han construido una mezquita, *fac-símil*
de la del sultán Selim; una reproducción de la
aguja de Cleopatra, que decora la mezquita de
Santa Sofía; de la columna serpentina del monumento erigido en Grecia á Delphi, en conmemo-
ración de la victoria de Platea; un campo bedui-
no que representa la vida en el desierto; salones
tapizados de seda y oro que copian los de los
antiguos palacios de Damasco; bazáres para la
venta de su mercería; cafés, fondas y teatros. Lindas mozas de ojos siempre rasgados,
siempre negros y soñadores, desechos tal vez de

serrallos, bailan al uso oriental, con música compuesta de guitarras, tambores, panderetas y una especie de clave; en tanto sus compañeras las jalean con cantos jeremíacos que deben ser los padres del *jipío* andaluz. Ya con crótalos de metal, ó simplemente llevando el compás con las manos, ya con pañuelos en ambas, la bailadora salta ó se desliza sobre el tablado, extremeciéndose convulsivamente de hombros y senos, desconyuntando el cuello de un lado á otro, la cabeza hacia atrás, los ojos adormecidos, como si experimentase el beleño de un elíxir lascivo, el vientre epiléptico, que más provoca á repulsión que á voluptuosidad, á veces llevando una cadencia lánguida de sopor, y á veces en un vértigo rotatorio que la rinde, al cabo, desmadejada y sudorosa.

Y ese es el carácter y casi el movimiento uniforme de todas las danzas orientales que por *Midway* se estilan. Sólo en el teatro argelino, donde los franceses han infiltrado su espíritu, la bailadora acude más á los recursos giratorios de la cadera y el paso toma una adulteración cancanesca. Y no digamos nada del teatro persa, en el cual una sola ninfa, si acaso, habrá visto el gineceo del Chá, porque las restantes *sacerdotisas* que se quieren hacer pasar por hijas del Irán, son del mismo París, *boulevardiers* de *pur-sang*. El refinamiento, las sutilezas de su coreografía traspasan el movimiento fresco y de espontánea crudeza que anima á las danzas orientales, y llegan á la sandunga obscena.

En el Palacio Morisco también se baila y se ha reproducido un harem, con sultán, favoritas, eunucos y todo. Estas odaliscas danzan muy semejantes á las turcas, argelinas y persas, y como ellas usan chaquetilla de seda con realces metálicos, tocado y collares de abalorios, saya corta, ó, mejor, pantalones sin abrir y abullonados sobre la pantorrilla, y media negra. Algunos anillos de oro se enroscan en los brazos y las piernas.

En el mismo Palacio Morisco se han representado perfectamente la Alhambra y escenas de las costas de Tánger, y en cera, retratos y acontecimientos célebres, entre éstos, la ejecución de María Antonieta, con la guillotina original, según certificaciones selladas que se exhiben al público y que responden de su autenticidad.

Prolija sería la enumeración detallada de todas las manifestaciones del *Midway*. Tiempo me falta para describir el *fac-símil* de la catedral de San Pedro, con sus cúpulas y columnatas opulentas; de las vistas de las ruinas de Pompeya; de los bazares del Japón y Marruecos; del modelo de la torre Eiffel; del teatro chino, y de la aldea dahomeyana.

Cerremos el presente artículo, penetrando en uno de los cuarenta carros de la inmensa rueda de hierro que divide por el centro al *Midway*.

Giran conmigo á un tiempo 2,160 personas. Anochece, y la enorme circunferencia de la rueda se irisa de luces eléctricas. Ya estoy en la cúspide: abajo, contemplo los palacios de la Exposición como juguetes de baraja, y más lejos, se extiende Chicago como un inmenso taller humeante.

La calle del Cairo.

RELIEVE tal y curiosidad tanta tuvo é inspiró *La calle del Cairo* en la Exposición del 89, que se imponía en la de Chicago. Aquí es uno de los sitios visitados apasionadamente, el único quizá que abre á la luz de la risa la obscura fisonomía del pueblo americano, el cual se divierte montando los camellos y burritos destinados en esa calle al uso del público que los paga.

Son las mujeres las más decididas en trepar sobre el lomo de los camellos, los que se hincan y echan, inteligentemente, al recibir y despojarse de su carga, moviendo á jarana estrepitosa el cómico vaivén que toman las paseantes, cuyo pudor corre tormenta cuando se acentúa la flexión de las coyunturas del animal. Menos arriesgado es el paseo en burro, pero no tiene tantas peripecias: es muy pequeño y fácilmente se llega de su montura al suelo; y nuestras emociones ganan en intensidad á medida que nos separamos de la tierra; en este caso, no tanto por subir á región más pura, como por el apetito que provoca el peligro que puede burlarse.

Hacia el centro del *Midway Plaisance*, y paralelamente á él, se extiende la calle del Cairo, con su arquitectura, ornamentación, tipos, costumbres, animales y comercio: una sinopsis, en fin, de su vida característica. Es una feria oriental que relumbra al través de un paseo torcido, entre edificios bordados de celosías y arabescos, y esquinas y huecos que piden por la noche el rondar de algún Ben-Abd-El-Hamed, cuyos versos angustiosos demanden la presencia en el minarete de una sultana rendida.

¡Cuánto sabor morisco y árabe perfume tienen aquellos alrededores del *Midway!* Ya próximo á la calle del Cairo, nos bañan el espíritu las ráfagas de Oriente; ya nos sorprenden espectáculos desconocidos y raros. Vemos en el circo persa — especie de redondel hundido en la tierra — á gimnastas desnudos de piernas y brazos, pecho y espalda, y sólo vestidos con pantalón azul ribeteado de cuero, y la cabeza rasurada en cerco, semejante á la tonsura de los carmelitas. Evolucionan con mazas de madera que parecen pilones, y arcos de hierro, en forma de flechas, con anillos eslabonados. Luchan bestialmente, y al concluir, vencedor y vencido se tocan con

dulzura las cabezas. Este es el signo de paz que tal vez les haya trasmitido el Zend-Avesta. Más cerca aún del Cairo, en el teatro argelino, mozos atléticos saltan delante de una hornilla en donde se quema el incienso que les sugestiona y les produce profunda anestesia, como es uso entre los isaguas. En ese estado, se atraviesan la piel con punzones, se clavan puñales en la lengua y se retuercen los párpados hasta casi hacer saltar el globo del ojo.

Cuando todavía esta impresión nos palpita, una ronda de moros del color del ébano mate, emprende una especie de neoberingo, con palos que hacen chocar furiosamente, al són de un tango frenético.

Y haciendo luego un viaje rapidísimo, pasamos de Argelia y Persia, al Egipto, donde al que fantasea le es fácil aspirar las brisas que llegan del Nilo. Ya estamos de nuevo en la calle del Cairo, debajo de balconcillos ornamentados como los antiguos Meshrebiech, frente á la mezquita de Abon Bake Mazhar, cuya media luna parece la cuchilla con que se degüella á los re-. beldes mahometanos; nos vemos junto á la casa del sultán Kait Bay, del siglo XV; en los fastuosos portales del Okala; y admirando el palacio de Gamal El Din El Yahbi.

Entrecruzándose, pasan camellos y borricos, guiados por muchachos vestidos con turbantes y sayones azules y rojos, verdes y amarillos, y mujeres tapadas con velo negro, de medio rostro abajo, y con un carretel metálico ceñido sobre la frente, adornos estrafalarios, moharrache que sólo disculpa el sabor local. En plena calle, cantan y bailan grupos de árabes, volviendo los rostros y dándose de cachetes, mientras pasa una procesión nupcial en medio de gritos y de músicas que suenan á zilórgano y á chirimía.

Un espectáculo favorito de la calle del Cairo, es la *dance du ventre*, baile del mismo carácter del de las turcas, argelianas y persas, pero que fija su nombre por el ejercicio peculiar de los músculos del abdomen. Rebélase la imaginación á creer que aquellos movimientos epilépticos del vientre, sean producidos por la voluntad y que no obedezcan á una sacudida mecánica. El traje de la danzante es sólo de trasparente punto en esa región, típica del baile, como para que se observe mejor el serpenteo de los músculos. Ella sacude los crótalos de acero ó hace flamear los pañuelos; salta, corre, gira, pone la faz angélica ó los ojos calcinantes de pasión, y se enardece ó cae desfallecida, según que sean agitados ó lentos, los sones de la pandereta, la cañiflauta y el tambor. Las americanas contemplan la *dance du ventre* con la misma impasibilidad que el asalto que la sigue, entre dos esgrimistas de alfange y escudo, asalto que me recuerda, en sus movimientos, los visages monótonos del teatro chino.

Andando vamos por la vieja calle de Bein el
Kasrein, y á un lado y otro nos persigue la voz
de cien faranduleros, para que compremos bordados, vasijas, perfumes, muebles, cigarros, flores, dulces ó.... versículos del Korán. Y no es
pequeño el trabajo de los codos, si queremos llegar á las barracas de los nubianos y sudaneses,
súbditos de Egipto, desde 1820, en que fué con-
quistada la alta meseta que domina el Sahara.
Negra y bien negra es esa gente que toca el
arpa y el tambor, baila tangos marcadamente
etiópicos, y usa plumas, espejos, cascabeles y caracoles por adornos. A los del Sudán me refiero
en éstos, exclusivamente, que los hijos de la Nu·
bia se envuelven en sencillos trapos mugrientos,
y distinguen su tocado haciéndose finos y largos
tirabuzones, á los que untan cierto masacote
que se cristaliza al secarse sobre las duras hebras.

Remata la calle del Cairo el templo de Luxor,
á cuya entrada se han reproducido dos monoli-
tos históricos, esfinges de Thothmés III y estátuas de Ramsés II. En el interior del templo, que levanta sus muros en la forma pirami-
dal que caracteriza á los monumentos egipcios,
aparecen, tendidos en urnas cinerarias, las mo-
mias de los más célebres Faraones. Mucho he
inclinado la frente sobre los restos osificados de
aquellos que un día hicieron temblar al pueblo
de Israel. Las paredes del templo están cubier-

tas de jeroglíficos, cuyo sentido hierático traducen los dibujos que les sirven de escolio, casi todos referentes á los funerales y resurrección de Osiris, hijo de Júpiter y suprema divinidad, y á su hermana y consorte Isis, la diosa personificadora del poder fecundo y generador de la naturaleza.

Una música mística ocupa el altar, en donde oficia nostálgica y bella sacerdotisa, que danza, primero, y luego nos conduce á visitar las tumbas de Thi y de Apis, el sagrado buey.

Yo he oído otra vez el ritmo elegiaco de aquella música, la harmonía inefable de aquellas notas. ¿Dónde?.... En *Aida*. La inspiración de Verdi ha robado el són de los aires egipcios y el ambiente de Menfis. En un instante parecióme ver surgir, por entre las columnas del templo, el torso gallardo de algún Rhadamés triunfador.

El Gobierno.

LA exhibición magna por excelencia es la de
los artículos y materiales ilustrativos de las
funciones del gobierno de los Estados Unidos. Frente á la isla de árboles se levanta este
Palacio de construcción sencilla. Alta cúpula le
presta sello de grandeza, y sobre los capiteles de
sus pórticos, el águila americana simboliza el
vuelo gigante de esta nación prodigiosa que puede admirarse, ricamente compendiada, en las
exposiciones de sus departamentos.

Yo me entré por el de Correos, y de pronto
abarcaron mis ojos las muestras de la organización de este servicio en todos los países del mundo, desde sus aplicaciones primitivas hasta el
presente. Allí está el saco burdo conducido por
el hombre á pié, la rastra tirada por perros, las
alforjas sobre el lomo de caballos y camellos, las
angarillas y parihuelas, las carretillas imperfec-

tas, las pesadas diligencias y el wagón-oficina moderno, que, con sus ganchos ingeniosos, toma la correspondencia, sin detenerse, á su paso veloz por las estaciones.

Cómo gozará un coleccionador de sellos, viendo los cuadros en que se hallan estampados todos los del servicio de correo del mundo. Los de las naciones republicanas, con los atributos de la libertad impresos, y los de las monarquías, con los bustos de sus reyes. Los sellos, como las tarjetas postales, por su carácter internacional, tienen una misma fisonomía en todos los países.

No poco me he reído contemplando las caretas espantosas, rajadas por la boca, que servían de buzón en Méjico, á mediados del siglo, y los pomposos clarines con que se anunciaba la llegada de los correos. Y la risa estalla delante de los escaparates de las *cartas muertas*, como aquí las rotulan, esto es, de los objetos encontrados en paquetes cuyos dueños no han aparecido. Los *yankees* se valen del correo para enviar ranas disecadas, mazorcas, abanicos, colmillos, petardos, caracoles, cráneos, nidos, bastones, estampitas de Wáshington, y alguno que otro billete de cien duros. Se sabe que entre las miles de cartas detenidas, el 90 por ciento trata de negocios, y no se ha encontrado ni una sola de amor.... Esto fotografía á un pueblo. En Cuba hubiese ocurrido lo contrario.

¿Es posible la anexión?. . . .

En el departamento de Correos se ha establecido una completa oficina, á la que hacen funcionar sin descanso esos visitadores que necesitan dar á la familia y á los amigos ausentes, fe de su estancia en la Exposición, enviándoles tarjetitas postales con las vistas de los edificios en colorines.

Sigue al de Correos, el departamento del Tesoro, cuya parte más interesante consiste en la colección de todas las emisiones de billetes de los Estados Unidos, y en la de numismática, que contiene un tesoro en monedas y medallas. ¡Aquí de los aficionados á las viejas reliquias! Si será inestimable la colección, que hay monedas acuñadas en todo el mundo, antiguas y modernas. He visto las de Grecia y Roma, las del imperio Bizantino, en una frase, las de los grandes estados de las pasadas civilizaciones: unas, de hierro, toscas, informes, borrosas, cubiertas de moho; otras, de oro, pulidas, de hermoso relieve, como si hubieran sido troqueladas por divinos artífices.

Maldito si me provocaron las planchitas de oro y plata modernas, con las que podría atravesarse el mundo de confín á confín; pero me hubiera hurtado de buena gana algunas monedas de los tiempos de Pericles, de Julio César, de Darío, de Cleopatra, de Carlo Magno, de Alejandro, y habría hecho locuras por guardarme

algún penique del Nuevo Testamento, varios caracoles y piezas africanas, una moneda grande y
elíptica del Japón y algunos dineros chinos, per-
forados por el centro, en cuadro y circularmente.

Una estátua de Sheridan á la entrada, nos dice que pasamos al departamento de Guerra. El
gobierno ha mostrado — siempre en este punto
con modestia — su fuerza militar. En dicha sección se encuentra lo más perfeccionado en el arte
de concluir con la humanidad: modelos de ingeniería de guerra, de artillería, fortificaciones, defensa de costas, cañones, fusiles, armas de todas
clases, proyectiles numismáticos y eléctricos,
equipos; en fin, cuanto se relaciona con Marte.
Pero no sé por qué, á pesar de la historia gue-
rrera de los Estados Unidos—heróica en los días
de su independencia, como en su guerra con el
sur, de todo lo cual hay ejemplos materiales en
este departamento — no me parece, militarmente,
un pueblo veterano, y hasta me figuro que á los
yankees no les cuadra el uniforme, que no les
viene al cuerpo, como á un alemán, á un francés
ó á un ruso. Les veo por ahí, con charreteras y
galones, y siempre me hacen el efecto de los vo-
luntarios de Cuba, á los cuales les falta la mar-
cialidad de la tropa de ejército.

Para completar esa mi impresión, les he visto
construir armas, como quien hace máquinas de
coser: pasan el hierro y la madera necesarios por
una serie de tornos, y concluyen haciendo fusiles;

hacen en un santiamén millares de casquillos y balas, meten el plomo en el metal y almacenan cápsulas como cartuchos de caramelos. En esta sección de mecánica explosiva he visto trabajando á cuatro *ladys*. ¿Por eso dirá un escritor alemán que la mujer americana es el hombre del porvenir?. . . .

Relacionada con la Guerra viene la Marina, departamento en el cual también demuestra la nación americana que se halla alerta á toda contingencia. Junto á un muelle del lago, ha construído, de tamaño natural, una copia del acorazado *Illinois*, á la que precisa acercarse mucho, para perder la ilusión de que es realmente un gran barco de guerra. Dentro de este *fac-símil* del *Illinois*, se exhiben, en pequeño, los de la marina americana, que cuenta con numerosos y potentes buques; y frente á él, un observatorio naval, dotado de un cúmulo de instrumentos de aplicación. Un cuerpo de marina formado por sesenta hombres, acampa junto al edificio del gobierno, y es pintoresco ver la blanca siembra de tiendecillas de campaña sobre la verdura del césped.

La Comisión Oficial de Peces exhibe aparatos para el cultivo de éstos, los métodos y resultados del mismo y toda clase de útiles para pescar, es decir, la defensa del pez, primero, y luego, el modo de atraparlos bien criados. Es muy interesante cuanto se relaciona con la vida de estos

animales, y atrae verlos salir del huevecillo, crecer, desarrollarse, ser dueños de la inmensidad
líquida, y, por último, víctimas del pez más
grande, de la red, del anzuelo ó del arpón. Y esta
parte del edificio del gobierno me lleva de la
mano al de Piscicultura, uno de los Palacios originales de la Exposición, en el cual se ha establecido el acuario, cuyo cristal mide 575 piés de
largo.

Allí se ven múltiples especies, lo mismo del
lago que del mar, pues el agua salada se ha
traído del Atlántico, condensándose á la quinta
parte de su volumen.

En el departamento de Agricultura, el gobierno prueba el interés, la atención principalísima que dedica al más importante elemento de
la produccción del país. Por medio de comisiones científicas, él ha estudiado la salud, pudiéramos decir, de los campos, prevenido sus males y
aplicado los remedios que traen ellos consigo.
Persigue la extirpación de insectos dañinos,
analiza en el laboratorio los agentes perjudicia-
les al cultivo, aplica una escrupulosa inspección
bacteriológica á los animales, el microscopio á
las adulteraciones y establece una vigilante pato-
logía vegetal. Con tales cuidados y el desarrollo
creciente de la Agricultura, con la aplicación de
mil máquinas y aparatos, puede comprenderse
el verdadero esplendor del Palacio peculiar de
estos productos, que se levanta magestuoso entre

los edificios que limitan la gran esplanada de
honor.

Del Palacio de Agricultura, baste decir que
los Estados Unidos han hecho sus instalaciones
con granos y espigas. Se ven arquitecturas que
nada envidiarían á la piedra, hechas con mazorcas de maíz, cuya variedad de colores imita al
mosáico. Y tan extraordinarias como las muestras de la producción agrícola, son las de la maquinaria aplicada á la tierra. ¡Qué fuera de Cin-
cinato si resucitase y viese hoy su rústico arado
cerca de un carro que abre el surco, echa en él,
á distancias simétricas, los granos precisos, los
cubre con las ruedas y riega el camino sembrado! Aquí, el campesino, no es ya el obrero de
ruda labor, que tiene que sacar á brazo partido
el fruto de la tierra, sino el conductor inteligente
de los aparatos que le hacen más provechosa y
rápida la faena. Y yo vuelvo el pensamiento á
Cuba, y pienso en el emporio de riqueza que
sería nuestro amado país, si, con las modifica-
ciones que las necesidades exigieran, se aplicasen
á aquellas vírgenes tierras abandonadas á su sa-
via fecunda, las máquinas que hacen producir á
las rocas estériles.

Y por una analogía muy estrecha, un salto da-
mos al Palacio de Horticultura, en el cual los
Estados agrícolas de la Unión presentan sus frutos naturales y en conserva, con derroche de lujo, por su excesiva cantidad. California levanta

hasta el techo pirámides y campanas de sus na-
ranjas deliciosas; Colorado, sus rojos melocoto-
nes; Idaho, sus peras azucaradas; Illinois, sus
uvas deliciosas; Kentucky, sus manzanas sin rivales; Missouri, sus ciruelas aterciopeladas; y el
olor que trasciende de tanta fruta exquisita
— ejemplares de las más pulposas y mayores que
puede dar el suelo — corre á amalgamarse con el
de las flores y plantas vecinas, para hacer del
Palacio de Horticultura el recinto delicado de la
Exposición, templo de aromas, lozano paraíso
que vierte en el espíritu reanimadora frescura.

Pasear por aquel jardín, es pasear por los jar-
dines del mundo é irnos deleitando la vista con
los pintadas calceolarias, los cactus mejicanos
que parecen erizos, las coníferas australianas,
los helechos de la América del Sur, las plantas
parásitas que forman los más bellos jarrones y
cestos vegetales, la auskalia japonesa, la casuari-
na y los pinos y rosales y palmeras y orquídeas
y fuchsias y margaritas y claveles y toda una revolución de flora en que se desparraman los
matices más brillantes entre las frondas verdes.

Y como dispuesto aquel Palacio para embria-
garnos, si el olor de las frutas y de las flores no
lo consiguen, ahí vienen las instalaciones viníco-
las con el Oporto y el Rhin, el Borgoña y el
Burdeos, el Marsala y el Jerez. Ejércitos de bo-
tellas de corazón tinto y ambarino, lucen su uniforme exterior con los nombres de las viñas

más famosas y hierven por dentro, queriendo quitarse el plateado casco.

Pero volvamos al Palacio del gobierno.

Visito el departamento de Justicia, sombrero en mano: allí está el Acta de independencia de los Estados Unidos, su Constitución sin segundo, las leyes del territorio que han hecho en un siglo feliz y grandiosa á la nación, y las proclamas célebres de los Presidentes. Por la letra de Wáshington, franca, decidida, clara, con pocos y firmes tachones, se juzga aquel carácter austero é inquebrantable. Los escritos de Grant, revelan un espíritu varonil, ardiente y guerrero, y los de Lincoln, el alma noble, abierta y filantrópica del insigne glorificador de su patria. Sobre estos sagrados papeles se tiende, desnuda, la espada de Jackson.

Fiat justitia es el lema de aquel salón que decoran los retratos de todos los jueces de la Suprema Corte. El Palacio del gobierno es una galería suntuosa de los Presidentes, Secretarios y hombres públicos de los Estados Unidos; allí se honra á Jefferson como á Cleveland; á los muertos ilustres y á los que en el presente continúan la historia de sus merecimientos; que en este país — parece que heredado de su vieja metrópoli — "no estorba la vida" para ser estimado y enaltecido.

En el departamento del Interior existe una extensa galería de vitrinas con los modelos de

las infinitas patentes que se han concedido, las
cuales han hecho millonarios á sus autores. Un
artefacto cualquiera que tenga una aplicación
útil, es la fortuna de su inventor. De esto nacen
las millaradas de objetos que en todos los sitios
nos encontramos, para atender á la más insigni-
ficante necesidad, pero necesidad, al cabo, resuel-
ta cómodamente.

Admirable es el *Bureau* de Educación, en
el cual se encuentra una riquísima librería pe-
dagógica, los catálogos de todas las Universidades y escuelas del mundo, fotograbados de
los colegios más notables, cuadros de eminentes
profesores y boletines y periódicos y estadísticas
referentes á la enseñanza universal. Sería un lugar común repetir que á la atención preferentí-
sima del gobierno en este punto, se debe, más
que á ninguna otra medida, el progreso incesan-
te de los Estados Unidos. ¡Grande y digno de
ser feliz el pueblo cuya primera institución es la
enseñanza!

El Comité Colonial de Massachusetts ha instalado, en la rotonda de este edificio, una serie
de exhibiciones de objetos antíguos que pertenecieron á conspícuas personalidades. El diario
de Wáshington, en los inmortales días de la re-
dención norte-americana; cartas de Marta Wáshington al general Knox; el reloj de John
Adams; el fagín de rojos flecos usado por Lafayette en la batalla de Brandywine; vasos, cu-

biertos, vestidos y joyas que son tesoro inapreciable para un anticuario.

Pero nada semejante en cantidad y mérito, á la instalación abrumadora del *Smithsonian Institution* y Museo Nacional. Aquello es un mundo seleccionado, una riqueza instructiva que ocupa el primer puesto en la Exposición Colombina. No es un grano de anís, por sí sola, la parte etnológica, que abarca, completa, la antropología del pueblo americano. Por medio de artísticas figuras de cera se han representado los tipos indios en su vida originaria, y actualmente, en sus costumbres y labores: tejiendo con lana y paja telas rudimentarias, haciendo vasijas de barro ó pilando maíz. Aparece en totalidad la vida de los aborígenes. Hachas, flechas, ídolos y collares de piedra, adornos confeccionados con espuelas y garras, çolumnas heráldicas en las que se labran, al relieve, pájaros y ranas y otros bicharracos en grupos extrambóticos, y pipas, vestidos, plumajes y esbozos de arte, en algunas tribus más civilizadas. Añádase un arsenal de esqueletos y de cráneos que brindan magnífico campo experimental al estudio de las deformaciones.

En este Museo pueden conocerse los ritos, liturgias y ceremonias de las religiones de Asiria y Babilonia, judáica, griega, romana y del oriente cristiano. Respectivamente, vemos representaciones mitológicas, objetos usados en el servicio de la Sinagoga, manuscritos de las leyes del libro de Esther, fiestas del Tabernáculo, objetos empleados en la circuncisión y el matrimonio, ceremonias en la mezquita, disposiciones del Korán, amuletos, principales divinidades, deidades menores, procesiones, altares, sacrificios, sepulcros.... Los símbolos místicos que arroban el espíritu entre los sueños de la creencia, los signos misteriosos de la fe, que esclavizan el alma.

Y del estudio comparativo de las fantasías sublimes del hombre, venimos al de los animales, á la historia natural, que ocupa una sección importantísima del Museo. Peces, pájaros, cuadrúpedos, insectos, reptiles y batracios, contémplanse en escogidos ejemplares, perfectamente disecados. Imposible se me figura reunir una colección zoológica más acabada. Aquellos animales más raros, la *Fatusia novemcinta*, que clasificó Linneo, el *Odolenus obcsus*, cuantos de nombre conocía y otros que ni por soñación, aquí los he visto casi respirando.

No me detendré en los insectos de alas pintadas y polvorosas. ó cubiertas de brillo metálico, ni en los reptiles, que son mis enemigos mortales, ni en los invertebrados marinos con su red de patas que se nos figura que van á enredársenos en el cuello. Mi visita se hace más larga delante de los pájaros. Yo ignoraba que existiesen en la naturaleza aves tan lindas como las del Paraíso. Quédense muy atrás el pavo-real y los faisanes, los colibríes tornasolados, las mismas jacanas de pico azul, amarillo y rojo, obscuro buche y alas y patas verdes; escóndanse las dulces aves que traen

> *el arrullo en el pico,*
> *la caricia en el ala,*

en presencia de aquellas verdaderas desterradas del Paraíso que se llaman augusta victoria y astrapia negra. A ésta, el color la caracteriza, pero las pintas de la primera son imposible de describir; son todo el iris doblemente matizado sobre plumas sedeñas que no son plumas como todas las demás, sino raros flecos y rizos que Eva se entretuvo en tejer en un éxtasis de amor. Otras dos aves sedujeron mi vista: el cisne negro, sólo nacido para nadar en Venecia, y el pájaro-lira que, con dos plumas gallardas, forma en la cola el arma de los trovadores.

Para que nada falte en el *Smithsonian Institution*, hallamos una serie de los instrumentos musicales del mundo: el tamboril y el címbalo, el arpa y el clavicordio, la ocarina y el armonicor, todos los de cuero, metal y madera. En cerámica, su historia y desenvolvimiento, desde la más remota porcelana japonesa; en artes, grabados al relieve, crayones litográficos, el proceso foto-mecánico, la pintura en colores y los grabados en agua fuerte; en geología física, planos y vistas de los volcanes del globo, fragmentos de lavas y fenómenos glaciales. Y no olvidemos,

por último, una colección de productos de animales: lana, plumas, cuero, escamas, ballena,
pieles, tarro, carey, marfil, hueso, etc., y una
surtida muestra de minerales y piedras preciosas.

El *Smithsonian Institution* es el Gobierno mismo apresando los conocimientos generales de la
humanidad y difundiéndolos en la nación de un
modo objetivo y por medio de libros, revistas
y todo género de publicaciones. Comprendo
que aquí el pueblo se eduque, por que se le ins-
truye con la profusión de manifestaciones inte-
lectuales. Aquí, el ignorante es un criminal; en
nuestro país. . . . es un condenado.

El lector habrá adivinado que no simpati-
zo con esta raza, ni con su carácter, ni con
muchas de sus costumbres; pero todo lo que
encierra el Palacio del Gobierno, y cuanto de él
se deduce, lo admiro y lo deseo ardientemente
para Cuba. Si fuera posible la anexión sin que
nos enviasen á la gente, yo sería un anexionista
frenético. Porque mejor gobernados, ni en el
cielo.

Artes Liberales.

CONTINUEMOS este mi periplo al través del Jackson Parck. Atravieso la *Corte de Honor*, llego al Palacio de Manufacturas y subo al piso en que se encuentran las Artes Liberales, secciones de las más importantes, puesto que en ellas se comprenden la instrucción pública, las letras y las ciencias, el periodismo, las religiones y las que pudiéramos llamar bellas artes menores.

Los Estados Unidos prueban que saben atender á la educación del niño como el país más adelantado del mundo. No podemos decir lo mismo de sus Universidades, de lo que se refiere á la enseñanza superior, porque aún distan mucho de los grandes centros científicos de Alemania y Francia; pero la instrucción elemental y secundaria ha alcanzado en este país el punto máximo de

perfeccionamiento. Ya he dicho que no quiero
abusar de los números, por eso no señalo la suma
prodigiosa de escuelas, de profesores y de alum-
nos con que cuenta la nación americana. Aquí se
disfruta un grado medio de cultura general, admirable. Hay pocos sabios, pero sí muchos
hombres ilustrados, y sobre todo, competen-
tes en la carrera á que dedican sus estudios.
Los que no sean peculiares á ella, creen que
es distraer el tiempo. ¿Para qué necesita un médico de retórica, un ingeniero de metafísica y
un abogado de agricultura? — se preguntan ellos.
Y razón que les sobra. El sistema de enseñanza americano tiende á simplificar y objetivar. La pedagogía constituye una profesión
alta y remunerada que no soñaron los tristes maestros de escuela españoles. Verdad es
que aquí no se improvisa profesor el primero
que le viene en ganas, como no es periodista el
cesante ó el rufián que de medrar no encuentran
más cómodo ejercicio.

Cuanto á la instrucción pública, admirarse podrá en qué forma sorprendente han acudido
Francia, Alemania é Inglaterra. En las principales naciones preocupan, antes que los hombres,
las instituciones, y la educación particularmente.
En ellas se subviene al desenvolvimiento intelectual y físico del individuo, como base de fortaleza nacional y obra inexpugnable de patriotismo.

No se comprende que en medio tan educado como el *yankee*, donde el periodismo alcanza un lugar primero entre los del mundo, sea tan menguada la literatura. Para nación de setenta millones de almas, sólo hay un Longfellow. En el pasto corriente de la novela, exceptuando las traducciones del francés, domina la puerilidad y el mal gusto. Todavía se prefieren los libros de mucha hilaza y los asuntos cómicos á los serios. Donde únicamente no le gusta al *yankee* la seriedad, es en el teatro y en la novela. La literatura *pour rire*, esa es su delicia, y si trae monigotes ridículos intercalados, la gloria!

He dicho que no se comprende tan mezquino movimiento literario en sociedad en que tanto impera el periodismo, el cual se considera como un hermano de las letras; pero esa contradicción sólo aparece á la simple vista. Bien observada, se explica fácilmente. La literatura, un arte, y arte quintesenciado, sufre aquí la suerte de las otras, y el norte americano la acepta como simple pasatiempo, inadmisible en donde es clásico el popular adagio: *time is money*; mientras que el periodismo se considera como factor de conveniencia y utilidad y entra en la explotación mercantil como uno de tantos *goods business*. Así se comprende también que sólo por reclamo, el *Puck* haya construido, entre los Palacios de Trasportación y Horticultura, un precioso *building*, provisto de máquinas y de redactores, en el que se hace el tiraje de una edición *ad-hoc*, edificio hecho para vivir seis meses y que ya quisiéramos tenerlo en la Habana para una empresa definitiva. ·

En la sección de literatura, prensa y librería, abre nuevamente Francia su bandera, *arco iris del progreso*, y Alemania agita en su pabellón el águila negra en cuyas garras sostiene la divisa: *Arte labore sapientia*. Es peculiar de esta última nación el tráfico de libros llamado de "colportage" (buhonería), por el cual se propaga la literatura decente, en virtud de una iniciativa osada y vigorosa. Si nos ceñimos á la producción literaria de los alemanes conocida en el comercio de libros, pudiéramos formar una idea aproximada de su crecimiento con la comparación entre los que vieron la luz en los últimos años: 10.664, en 1871, 15.271 en 1881 y 21.279 en 1891. Francia no es menos que su rival, y hace gala de su enorme biblioteca, con la que podría formarse la mejor y más instructiva enciclopedia moderna.

Las artes que se relacionan con las letras y la prensa: la tipografía, litografía, grabadura, galvanoplastia y estereotipia, etc., compiten entre los pueblos civilizados y se destacan en los Estados Unidos, pero París, ese París invencible, defiende la cabecera con sus impresiones incomparables. Nada supera al *Figaro Ilustré*, á los trabajos todos de la *Ancienne maison Goupil* y á las

exposiciones colectivas organizadas por el Círculo de la Librería, Imprenta y Papelería y por el Sindicato de la Prensa periódica de la capital de Francia. Por el camino que va, la tipografía tiende á matar la acuarela y hasta el cuadro al óleo.

En distintos grupos de las Artes Liberales, figura la última palabra respecto á los establecimientos que atienden á la higiene y salubridad; á las instituciones especiales para la instrucción de indios y negros, y de ciegos, mudos é imbéciles; á la propaganda y difusión de los conocimientos; á la beneficencia y protección en general; á los seguros en todos los órdenes; á los instrumentos y aparatos de medicina y á los de precisión, experimentación y fotografía; á la ingeniería, trabajos públicos y arquitectura; á las asociaciones industriales y cooperativas; al comercio, tratados, dinero, papel, cambio, bancos, compañías, expresos, etc.; á los sistemas de gobierno y legislación, y leyes internacionales; á los clubs políticos y militares; á la música y al teatro; á las sociedades secretas y á las casas de locos y presos. Según se ve, un revoltijo de asuntos diversos, muchos de ellos antagónicos, y que no concibo que se clasifiquen entre las Artes Liberales, como no se de á éstas una comprensión ilimitada.

Me he detenido en observar la vida policiaca y los sistemas penales de la gran república. En cuanto á la primera, pasma á los latinos, que solemos ser desobedientes, irrespetuosos, antojadizos y amigos de franquear las más justas vallas de la ley, sólo porque nos las han puesto, pasma, repito, el poder de estos gigantones rubios que se conocen con el nombre de *polisman*, y á los movimientos de cuya porra anda disciplinada la nación entera.   Respecto al orden de corrección, los *yankees* son inflexibles con los criminales, y, en ciertos Estados, el principio de justicia se confunde con las venganzas del salvajismo. Me refiero á la Ley de Lynch.   Aunque propagadores de la enseñanza, parece que comulgan con los radicales de la escuela positivista, que creen que la educación es por completo impotente para mejorar el carácter moral del hombre y, por tanto, es del todo inútil.

Doloroso es para la humanidad reconocer con Bagehot, en sus *Leyes científicas del desarrollo de las naciones*, apoyado por Ferri en sus *Nuevos estudios de antropología criminal*, que el poco de progreso moral que ha conseguido aquélla en tantos millones de años, débese, mucho más que á la eficacia educativa, á una lenta y continua selección de los buenos, como otro autor notaba que la docilidad de los animales es igualmente debida á la selección inconsciente que desde los tiempos salvajes hasta nuestros días se ha practicado, matando con preferencia los peores.   Este es, á la vista, el sentido jurídico de la Unión, y de

ahí su inflexibilidad extirpadora para con los de-
lincuentes, y de ahí también la seguridad personal de que puede ufanarse cada ciudadano.

Entre los sistemas represivos, se cuenta el de
la bebida, por las sociedades de *Templanza*, las
cuales, en algunos Estados, han hecho prohibir
en absoluto todo género de libaciones. Han uti-
lizado el versículo del Evangelio de Cristo por
S. Lucas, y al: "no beberás vino ni sidra," le han
añadido: "ni cerveza." Lo que no se opone á
que, á espaldas de la prohibición, los *yankees* em-
pinen el codo á placer. Para tomar una tarde
un vaso de Milwaukee, se me condujo al fondo de
un *store*, y allí, con grandes precauciones y misterios, me fué servido por el matrimonio que parecía ser dueño de aquella especie de bodega
aseada; y reparé que, á la par que yo, tomaba
la pareja sendos vasos, á mi salud, sin duda, porque me hicieron pagar caro el antojo. Y como
esta gente no da golpe en vago, se me ocurría
pensar si la *Templanza* funcionaba para encare-
cer el precio de las bebidas ó era un artimaña
feliz de los aguadores.

Un espacio considerable en el piso de las Artes Liberales se ha destinado á la exposición de
los múltiples sistemas religiosos que existen en
esta república. La Biblia se encuentra traducida
á todas las lenguas, y á la entrada de cada instalación de luteranos, metodistas, episcopales,
evangelistas, presbiterianos, baptistas, unitarios,

de todas las sectas del protestantismo, nos hallamos con misioneros fervorosos que nos tratan de
convencer de que su doctrina es la mejor, de igual
manera que si anunciaran un hotel ó una empresa de ómnibus.

En las abstracciones religiosas del espíritu y en
los dominios de la fe, no poco influyen la seriedad y la magnificencia de que se viste la forma
externa del culto; y no escasa fuerza debe el
catolicismo á su pompa severa. En este país
protestante por excelencia, la iglesia de que es
jefe el cardenal Gibbons, parece la que más res-
petuosamente venera el dogma cristiano y la
que mejor identifica al hombre con el Creador.

No es momento, ni recursos tengo, para ahon-
dar en problemas eclesiásticos y deducir bondades en favor de esta ó de aquella religión. En
esto sigo la conducta de los americanos y dejo á
cada cual sus creencias, aunque se me figura que
la libertad de cultos, si admirable por la independencia que da al espíritu, desmembra la co-
hesión de sentimientos y la solidaridad moral que
deben existir entre los hijos de un mismo pueblo,
y que en nada se realizan tanto como en el amor
á un solo altar.

Voy á fijarme en detalles pueriles respecto á
los ministros protestantes. Preocupación venal
será, pero es la fija que no me avengo á mirar
como intérprete de Dios en la tierra, á cualquier
yankee de luenga barba — aunque la llevaran Je-

sús y San Pedro — vestido mundanamente y ti-
rando, por mitad del arroyo, de una esposa mo-
fletuda y media docena de talludos. Aquí se
resiste la fe más á prueba de desilusiones, aun
cuando no deja de encerrar un principio sagrado
de moralidad, esa franquicia que tiene el sacer-
dote protestante de no reñir con los decretos
fatales de la naturaleza humana, porque no teniendo tentaciones que ahogar, no tendrá peca-
dos que cometer.

El pueblo norte-americano es profundamente
religioso, practica lo que se llamaba antigua-
mente el "Comercio del alma" y no hay ciudadano que no tenga su iglesia. El cura ó el
ministro son tan indispensables como el médico y el abogado. Entre las poblaciones mís-
ticas, culmina la de los cuákeros, Filadelfia,
la ciudad que tiene mejor ganada la gloria,
así como Chicago es, sin duda, la que más
necesita ponerse en bien con Dios. Por eso trata
de ganar el cielo, elevando á las nubes las cúpulas de sus edificios.

A paso "yankee."

Es decir, al trote. Las ráfagas de Septiembre empiezan á saludarnos y á dar un aviso á nuestras maletas. Chicago es frío como el Polo y anticipa las heladas. En estas noches me siento entumecido y mi sangre necesita ya del fuerte sol que la caldea. Pero no quiero dejar rincón que, por lo menos, no cite, ya que el tiempo me falta para consagrar una crónica á cada Palacio. No me canso de fisgonear, y, si nó escrita, en mi memoria quedará grabada la Exposición, en su magnitud y en sus detalles.

Daré hoy un paseo rápido y apuntaré lo más principal, para que si mañana me echa el frío, no me quede cargo de conciencia.

De prisa entremos hoy en un edificio anexo á las Artes Liberales: el de Antropología, Etnología y Arqueología. En más extensas proporciones que el *Smithsonian Institution*, contiene la

historia de los aborígenes; ejemplares momifica-
dos, cráneos, útiles y vestidos de indios; objetos
ilustrativos del progreso de las naciones; vistas,
planos y modelos de la prehistoria arquitectural;
monumentos y habitaciones; antiguos vasos,
particularmente del periodo del descubrimiento
de América; reproducciones de antiguos mapas,
cartas y aparatos de navegación; notables inventos; curiosidades, como por ejemplo, las barajas
antiguas y modernas de todos los países, y museos de historia natural, entre los que figuran
á la cabeza el de *Agassiz Asociation*, de San
Louis, y el de Mr. Ward, de Rochester. Este
sabio coleccionador, como el jefe de las instalaciones antropológicas, Mr. Puttnam, han hecho
consultas importantes á nuestro Carlos de la Torre y dispensándole distinciones de que podemos los cubanos envanecernos. Acerca de los
Cliff dwellings ha escrito la Torre un estudio
luminoso que prueba una vez más las aptitudes
excepcionales que posee para las investigaciones
antropológicas.

Por cierto que, como los sabios nada ignoran,
en el Palacio de Minas , Minería y Metalurgia –
al que ahora pasamos – la Torre ha merecido,
por sus trabajos, las felicitaciones del jurado
en pleno.

Con su auxilio, buenas cosas podría yo decir de esos tesoros que guarda, avarienta, la tierra y que sólo cede á los rudos y tenaces golpes

de la ambicion humana; pero sería engalanarme con plumas ajenas.

Demos sólo un vistazo á las amplias galerías en que los países mineros han acudido á esta contienda de la paz. Por los tesoros que muestra arriba, de lo que guarda abajo, la América es la nación más rica. Los Estados Unidos son los que tienen mayor fortuna metida entre rocas. Todos los preciosos metales los produce por millares de kilotoneladas. Allá, muestra el oro, salpicando con sus incrustaciones brilladoras la piedra que lo oprime, ó cuajado en pepitas áureas; acá, la plata con sus argentado resplandor, en producción tan fabulosa que ocasiona una crisis inconcebible: la de la abundancia; acullá, el hierro, el plomo, el cobre, el zinc, el asfalto, y por último, el carbón, la hulla, con el "luto de viudez que guarda en el fondo de la mina y dispuesta á celebrar sus bodas de fuego en el hogar de una locomotora."

California, la emperatriz de los Estados, luce sus enormes brillantes de aguas claras, amarillentas y azulinas; Montana, su estátua de la Justicia, fundida en plata por valor de 75,000 pesos, y con un pedestal de oro que se avalúa en 224.000, dándose el primer caso en que los piés valgan el triple que la cabeza; y Vermont, sus mármoles en estátuas que enseñan la única desnudez pudorosa, la valentía de la castidad, como dijo Barbey.

Sigamos el paseo por el *Festival* y el *Choral Hall.* En éste, celebra hoy un concierto wagneriano la orquesta de cien profesores que dirige el maestro Thomas. La ejecución puede imaginarse, pensando en que cada músico es un solista en su instrumento. No acabo de comprender á Wagner, lo confieso; analizo su música á mi manera y con los medios que me da la inteligencia, no el sentimiento – porque ya no se *siente* la harmonía, sino se *piensa* – y no me cautiva como Schumann, como Chopin, como Mozart, como Beethoven. Cúlpome de tanta ignorancia, y sólo me consuela saber que la mayoría del público, y hasta de los inteligentes, opina lo mismo que yo; pero nadie lo declara.... por presunción. Se aplaude á Wagner, como, cuando va Coquelin á la Habana, ríe la gente los chistes, que no comprende, en francés. Se mira reir al vecino y se suelta la carcajada.

El arte que mejor se cultiva en los Estados Unidos es la música, por la influencia germana. Los alemanes han importado el buen gusto en este sentido, y los *yankees*, ya que no componen piezas maestras, las saben oir.

El ritmo original del pueblo es desastroso: aquí toda la música nativa tiene el aire del viejo *Yankee doodle* y del modernísimo *Ta-ra-ra-boom-di-ay.* Algunas obras, como las marchas nacionales del Sur, no carecen de cierta melodía honda y algunas notas de verdadera inspiración, pero siem-

pre se advierte en ellas una factura rudimentaria
y como ecos de selváticos y pristinos cantos.

La música popular americana se refugia en el
teatro, en el circo ó en los organillos callejeros.
El transeunte, el paseante, el que viene á es-
parcir el ánimo en la Exposición, es un mudo
pertinaz; no hay una mujer. ni un hombre que
cante, no se oye rasgar el aire una nota espontánea que descubra un corazón abierto, no ma-
tiza el ambiente ninguna voz que ría venturas ó
que llore penas.

Cuántas veces, apostado en la baranda de los
puentecillos, he visto sobre los poéticos canales
orillados de verdura, góndolas empavesadas con
farolillos, que pedían á gritos el acompañamien-
to de una canción y una guitarra, y que se
deslizaban tristes y silenciosas, conduciendo á gentes de cara coloradota y rígida, que volvían los
ojos impasibles de un lado á otro, sin que les par-
tiese los labios el desbordamiento de una emoción. Las góndolas se alejaban de mi vista como
si fueran embarcaciones fúnebres. ¡Cómo me
oprimía entonces el espíritu esta atmósfera de
Chicago, semejante al plomo en lo pesada y en
lo gris!

Echémonos también al *lagoom* y, á paso de
góndola, vayamos admirando la arquitectura es-
belta del Casino, desde el que se descubre el
fac-símil del convento de la Rábida, cuya construcción vetusta y oliente á moho contrasta con

la magnificencia de los palacios que la rodean, y
en el que se exhiben las reliquias más interesantes relativas á Colón y al descubrimiento: cartas
autógrafas, retratos, armas y auténticos papeles
de aquella gloriosa época. Junto á las tapias del
convento, se balancean las tres carabelas.

Siguiendo el curso del canal, divisamos, más
ó menos cerca, las exhibiciones de ganado, en
las que se encuentran los resistentes pelcherones
de Yowa, de pescuezo corto, ancas protuberantes
y carnosas y patas felpudas y gruesas; las de cuero, madera y lechería; la escuela de indios; las
reproducciones de ruinas mejicanas y de las
montañas de los *Chiff dwellers;* las tribus de indios con sus viviendas, canoas y útiles de vida;
el edificio de los niños, construido para protección
y divertimiento de la infancia; el de *confort* público, donde el que guste de andar limpio se ve
obligado á soltar cada cinco minutos el tizne de
las chimeneas; el de servicio, en el cual se han
expedido á la fecha más de 50,000 pases gratui-
tos; el de fotografías, por el que ha pasado
toda la avalancha rústica de la nación; y un se-
millero de kioscos particulares, *restaurants* y ex-
pendios de soda y de agua pura.

Cerca de la entrada de *Midway Plaisance* se
ha establecido la aldea de los esquimales, y en
ella tenemos un trasunto gráfico de la vida do-
méstica de estos medio enanos de cuadrada
estampa y facciones típicas de la raza amarilla.

Habitan en chozas-cuevas, se visten con piel de foca y sus indispensables utensilios son los trineos, para andar por su elemento, la nieve, y perros á los que la naturaleza cubrió de lana para resistir las inclemencias del frío. Consisten sus embarcaciones en canoas estrechas y cerradas totalmente, excepto en el centro, en cuyo hueco cabe un hombre sentado, el cual maneja un solo remó provisto de palas en las extremidades.

Usan los esquimales un látigo de cuero de cinco ó seis metros de largo, cuya punta haçen restallar en el sitio en que ponen el ojo. Algunos visitadores se entretienen en enterrar monedas de cobre y níkel, que entre aquéllos se disputan, látigo en ristre. Cada pieza le pertenece al que logra hacerla saltar, y es curioso ver cómo caen los azotes sobre el punto codiciado, y van escarbando la tierra hasta presentar la moneda al aire.

Puesto que hoy hemos de recorrer á vista de pájaro lo que me resta por describir, sigamos hacia el norte de *La Ciudad Blanca*, y lleguemos á los que podríamos llamar barrios de las Naciones y de los Estados. Los constituyen más de sesenta edificios, cada uno de particular arquitectura, que en conjunto forman un sembrado de palacetes pintorescos. Los de los cuarenta y cuatro estados son otros tantos salones de descanso para los naturales respectivos que vienen

á visitar la Exposición, y en algunos de ellos se
ha dado cabida á ciertos productos, especialmente
agrícolas, que no hallaron amplio acomodo en los
palacios principales. En el fastuoso *building* de
Pensilvania, se encuentra la célebre campana cuyos sonidos vibradores fueron, en 1776, el himno
solemne de la libertad americana. En brazos de
madera se ve suspendida la campana, llena de
herrumbre y con una larga rajadura; que el bronce no pudo menos que estallar á la sacudida titánica del pueblo.

De los edificios de las naciones, los cuales contienen distintos apéndices de Bellas Artes y Artes Liberales, ameritan mención singularísima:
el de España, una copia justa de la severa Lonja de Valencia; el de Alemania, con traje al estilo del primer renacimiento alemán; los de las
repúblicas sud-americanas, y el del Japón, situado en la isla de árboles, que reproduce el deslumbrante Hooden ó Palacio-Fénix, á los estilos
Fuji-rrara y Ashikaga. El decorado de esta
exótica construcción de madera y bambú compónese de finísimas esteras, mamparas con flores
de Kioto, tapices de seda con pájaros bordados,
entablerados de varillas esmaltadas de negro, techos de porcelana multicolor y mesas y asientos
gachos. Nada se alza, todo el mueblaje está muy
cerca del suelo, como dispuesto para el alcance
de las manos, estando los moradores en cuclillas.

He dejado para lo último el primero de los palacios por su arrogancia monumental y altivez arquitectónica, por su belleza espléndida y por ser el que da carácter á la Exposición, como lo daba la torre Eiffel al Certamen del 89: el *Administration Building.*

Su fachada de honor mira al *grand Basin,* delante del cual surge la fuente de Colombia con su grupo de caballos marinos, otros Pegasos que parecen romper con los cascos los cristales de la nueva Aganipe. Sobre las aguas bullidoras refleja por la noche el Palacio de Administración, las luces de sus antorchas y las facetas múltiples de sus *rivières* eléctricos.

La estructura de este edificio obedece á un orden compuesto en el que predomina el corte del renacimiento francés y la sobriedad dórica. Tiene la forma de cuatro pabellones unidos en el centro por hermosísima cúpula cubierta de bronce de aluminio. En los ángulos de los pabellones y rodeando las bases del dome, se adelantan soberbias esculturas emblemáticas, de las pocas que en el parque no mueven á risa. La estátua de Colombia de la gran fuente se quiebra por la cintura y ostenta una desnudez flácida y ridícula, y con el cuello de cigüeña de la de la República, frente al Peristilo, se ha querido simbolizar la tiesura sajona.

Los arcos, puentes, ventanas, frisos y crujías del Palacio de Administración, tienen un baño

de magestad grandiosa, algo de olímpica hermosura. Y si es tal la ornamentación externa, la
del interior avasalla y deslumbra.

Antes de penetrar en la rotonda, que tiene la
magna amplitud de las catedrales, nos detiene
el héroe prodigioso de esta colosal conmemora-
ción: una magnífica eṣtátua del genovés insigne,
con el estandarte de Castilla y Aragón, y en
actitud de tomar posesión del suelo de America.
La apostura del Almirante es heróica y la
idea del escultor se halla con valentía realizada.
St. Gaudens firma tan excelente obra.

Dentro del Palacio — destinado á las oficinas
de la Exposición — se han inscrito los nombres de
las grandes ciudades y de los preclaros ingenios
del mundo, dedicándose un recuerdo á los descubrimientos más notables en la historia de los
progresos de la humanidad: á Guttemberg, intro-
duciendo el arte de la imprenta en 1450; á Co-
pérnico, explanando su teoría del sistema solar en
1543; á Newton, haciendo público su descubrimiento de la ley de la gravitación en 1687; á
Watt, por su invento de la condensación del vapor en 1769; á Jenner, descubriendo el principio
de vacunación en 1796 ; á Morse, perfeccionando
el telégrafo en 1837....

Este Palacio, pues, estereotipa en forma eminente, el carácter universal, el espíritu infinito, el
genio maravilloso de la Exposición Colombina.

La Ciudad y la Feria.

SI no existiese el Michigan, no me hubiera explicado jamás la Exposición Colombina, en Chicago, teniendo los Estados Unidos á Wáshington, New York, Boston y Filadelfia; pero es indiscutible que las hermosas riberas del lago han ofrecido un panorama excepcional. Salvo detalles de estética que he apuntado en mis crónicas anteriores, este Certamen es un éxito, por su magnitud y riqueza, y difícilmente se repetirá en largos días espectáculo más grandioso.

La Exposición toca á su fin y ya es posible prever su triunfo económico. El número de visitadores ha crecido hasta 300.000 en un día, y puede calcularse que su totalidad será de cerca de 30.000,000, tantos como asistieron á la Exposición de París. Con estos cálculos infalibles, no sólo se habrá conjurado la temida bancarrota, sino que contará la empresa con una

ganancia de más de un millón de pesos, resultado
que ni soñarse pudo en los comienzos de la Feria.
Se cumple una vez más la victoria numérica, que
favorece á la nación en sus campañas atrevidas.

Al Certamen le ha dañado la ciudad en que
se celebra. Los extrangeros, y hasta los americanos del Este, por renegar de Chicago — y con
no pocas razones — reniegan de la Exposición.
Y hay·que desunirlas y no confundir las incon-
veniencias de la una con las bondades de la otra.

—¿Qué tal la Exposición? — se pregunta en
Cuba, por ejemplo.

Y el visitador cubano, olvidándose de las maravillas que ha visto en el Jackson Parck y sólo
con el recuerdo más punzante de las incomodi-
dades que ha sufrido en la población, contesta:

—¡Insoportable!

Porque Chicago es insoportable de veras. No
se me diga que es inmensa, que tiene millón y
medio de almas, que es el centro ferrocarrilero
mayor del mundo, que posee edificios enormes
y riquezas fabulosas y centros de cultura sorprendentes y *tutti cuanti.* Lo se, y antes de conocer la Exposición, conocía la historia de Chicago, desde que los indios Hurones la llamaban
Xi-wego, que quiere decir "aquí como" — porque, según el capitán Mayne Rey en sus *Caza-
dores de búfalos,* aquéllos encontraban caza abun-
dante á orillas del Michigan — hasta los presentes
días de su grandeza.

Desde luego, asombra el crecimiento de un pueblo que en 1837 sólo tenía 4.170 habitantes, que se redujo casi totalmente á cenizas en 1871, sufriendo pérdidas materiales por valor de .190.000,000 de pesos, y que actualmente ocupa el rango de las primeras capitales, y, al fin y á la postre, ha podido celebrar el Certamen mayor que se conoce.

Pero con eso y todo, Chicago no reune las condiciones suficientes para hacer una invitación universal, y el extrangero, que así lo ha entendido, se retrajo, sino en la exhibición de sus productos, en su concurso personal; porque tantos millones de visitadores son casi en su totalidad *yankees*, y *yankees* del Oeste. Lo cual es un nuevo dato para deducir el poder numérico de este pueblo.

Chicago es sucio por naturaleza, aunque no lo sea por incuria y abandono de sus munícipes. Las constantes evaporaciones del lago que la baña, se condensan en la atmósfera para no dar escape á las bocanadas negras del celemín de chimeneas, que no cesa de disparar humo. Un polvillo ténue de carbón se infiltra en todas partes, y es de salir á la calle y vernos convertidos á las dos horas en fogoneros.

Con ese tizne perpétuo se hace imposible toda elegancia, y la indumentaria tiene que ser forzosamente obscura, para dar una pincelada más sombría al tono de la población. A esta causa

he achacado el ver á las mujeres de día y de noche con una especie de uniforme azul prusia, de
corte masculino. Aquí se han abolido las telas
vaporosas y las gasas y los adornos claros que
dan al sexo bello espiritualidad y donaire.

La población, inconmensurable en efecto, es
dispareja. Hay avenidas risueñas, amplias, rela-
tivamente aseadas y hasta fastuosas; pero también
se encuentran á granel solares yermos, casucas y
barrios enteros que parecen carbonerías. Chicago me hace el efecto de un señor con *frac* y
zapatos rotos.

Como pretendo ser justo, según se habrá venido observando, y si digo lo malo, no me callo
lo bueno, perdono á Chicago la poca afabili-
dad que practica con sus huéspedes, su brusco
trato, sus espectáculos infantiles y monótonos, sus
comidas que se me atragantan, y su clima que
no me ha dado un día con salud cabal, todo se
lo perdono, por sus parques encantadores. En
la industria de la flor, han conseguido lo que nadie: montar al aire una esfera de tierra y con matices diferentes trazar en ella, completa y exactísi-
ma, la carta del mundo. Un colmo de jardinería.

Algunas horas muertas he pasado tendido sobre el césped de los parques — costumbre americana — disfrutando del placer de una cama blanda
y fresca y de la vista, siempre dulce, de los niños; y muchas noches he venido á recordar y á
sentir, bajo la sombra de los tilos, andando soli-

tario sobre arena menudísima, mientras Chicago roncaba como sus locomotoras y la luna más descolorida del cielo partía sus rayos neblinosos en los capiteles del *Auditorium.*

Esto, que parece cosa tan nimia y un tanto romántica, me ha bastado para olvidar los defectos de Chicago; pero lo que no es posible que tenga perdón, es la forma que se ha escogido para conceder los premios á los expositores. En este punto, los Estados Unidos se han mostrado nada equitativos, y lo que menos les disculpa es el fin egoista que han perseguido en el reparto de recompensas.

Principiemos porque el establecimiento de jurados unipersonales, sobre ser un sistema engorroso, como la práctica demuestra, da origen á todas las injusticias, porque designado un alemán, verbigracia, para examinar productos franceses, no es presumible que sus informes sean, no ya benévolos, sino imparciales siquiera. Y no invoquemos argumentos sobre la nobleza y la hidalguía y la rectitud y otras zarandajas, porque el espíritu humano se enturbia como el mar, cuando lo agitan olas de rencor. Por de contado que lo supuesto acerca de un juez alemán, es igualmente aplicable á uno francés, ó ruso, ó chino.

Por otra parte, y esta es la gorda, se han dado las recompensas con sujeción á la cantidad de expositores y no á la calidad de los productos á la

inversa de lo que se ha hecho en todas las Exposiciones — puesto que lo que se va á premiar en estos certámenes es el relativo valor de cada cosa — y naturalmente, estando los *yankees* en su propia casa y teniendo, por ende, una abrumadora mayoría de exhibiciones, han cargado con casi todas las medallas. De ahí que éstas hayan sido de una sola clase, de bronce, para evitar las gradaciones de mérito que trae aparejadas la diferencia de premios, lo cual es irritanté hasta el insulto; porque dos cuadros, uno de Muncaksy y otro de un Smith; dos tapices, uno de los Gobelinos y otro de Minesota; dos porcelanas, una de Saxe y otra de Kentucky, por ejemplo, pueden ameritar á la vez recompensas, y sin embargo, los primeros merecerlas de oro, y los segundos, de cobre. Se ha barajado, pues, lo exquisito y lo excelente con lo mediano y lo pésimo, con gran ventaja para estos últimos que han vencido por la imposición brutal del número. No quiso Francia jugar entre la turba, y se declaró fuera de concurso. Hubiera tenido gracia que á Sevres se la equiparase con *Rookvood Pottery Company*, de Cincinati.....

* * *

Este ha sido el carácter general de la Exposición Colombina: la competencia del nuevo con el viejo mundo, contraria para el primero en lo que atañe á la belleza y expresión artística de la forma,

que los Estados Unidos descuidan, sin conside-
rar que la forma —como dice un literato exi-
mio — es un nuevo fondo desconocido con el cual
se completa el que ya conocemos.

La civilización europea atiende gradualmente á
estos tres conceptos: belleza, comodidad, utilidad,
fórmula que invierte la nación americana. Para
ella, lo primero es lo útil, lo segundo, lo cómodo,
y lo tercero, lo bello, porque esta última cualidad
puede ser considerada como una sutileza del
lujo, como una condición superflua. Si miro con
ojos de artista, una invencible sugestión me
arrastra á preferir los productos del viejo mundo; pero si mis retinas se abren ante más altas
consideraciones sociólo-filosóficas, debo admirar
ese nuevo canon del progreso, que antepone lo
sólido á lo fútil, lo positivo á lo fantástico, la
necesidad al regalo, en una palabra, lo útil á lo
bello. Transija alguna vez el poeta.

Aquí se demuestra el refinamiento á que han
llegado los pueblos europeos al través de tantas
civilizaciones; pero también se nota en ellos
cierto raquitismo, como que el mundo antiguo
se agota, cansa y envejece, y ya necesita "acudir
al mundo nuevo por materiales." Éste despliega
la tosca lozanía de sus campos, el florecimiento
espontáneo y exuberante de su riqueza infinita,
como virgen sana y robusta que deja adivinar
en la turgencia y amplitud de sus formas, las
promesas de la matrona fecunda.

La juventud espléndida de América, su fuerza prodigiosa, su fibra democrática, su alma regeneradora, arrancarán todos los cetros á los pueblos vetustos. El Oriente pasa y el soplo de las civilizaciones vuela á Occidente. El viejo mundo ha llegado á la meta, no puede avanzar y se esteriliza y estanca, que es el primer paso de la decrepitud, de la inacción y de la muerte. Sus conquistas, su cultura, su vida, se irán desmoronando á los golpes de las ideas nuevas y del tiempo nuevo. La América, que ha crecido en cuatrocientos años lo que la Europa en cuatro milenarios, se adueña del porvenir y trabaja y espera, digna, segura y confiada en la gloria de sus destinos, triunfos que le garantiza, antes que ninguna otra virtud, la libertad de sus instituciones.

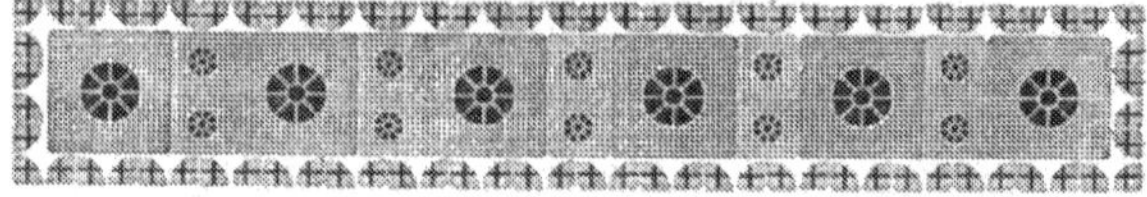

El Niágara.

CHICAGO, *good by*. Hasta nunca.... ó hasta
nueva Exposición, porque no pienso volver-
te á ver, si no me incita otro acontecimien-
to como tu Feria Colombina. Por lo demás, es-
tás anulada para el viajero, pues no concibo que
se te visite sólo por admirar esa pila intermina-
ble de cajones superpuestos, con huecos cuadra-
dos, que se llama *Masonic House*. Chicago,
good by.

Ya me encuentro respirando libremente, dispuesto á escribir de lo que me plazca y sin estar
sujeto á la tiranía de la noticia y del dato. Terminada la tarea que me impuse, voy ahora á
regalar mi espíritu, cuya primera elección es
¡el Niágara! Pasar por los Estados Unidos y no
ver la enorme catarata, es como ir á Suiza y no
ascender á los Alpes, ó como visitar á Nápoles y
no asomarse al cráter del Vesubio.

14

Sigo acompañado de Carlos de la Torre, mi
fidus Achates, en este encantador paseo, y los dos
invertimos el tiempo en comunicarnos, anticipadamente, la impresión que nos producirá la vista
de la catarata. Nos dirigimos al Niágara como
niños que van por primera vez á una función de
circo.

A ratos, miramos volar por delante de las ventanillas encristaladas, lindos paisajes campestres
ó blancos pueblecillos que á cierta distancia parecen construidos con panes de azúcar; ó abrimos el
libro: la Torre, á Spencer; yo, á Byron; ó nos fija-
mos en dos graciosas muchachas de Tejas, que tienen su litera de dormir perpendicularmente sobre
las nuestras, y que, á pesar de tan atendible cir-
cunstancia, ó tal vez por lo mismo, aun no nos han
dirigido una sola mirada que sepa á *flirt*; ó bus-
camos el "duro rincón que sirve de almohada á
los que viajan."

Pero no podemos cerrar los ojos, y no es que
tengan la culpa las tejanas, sino el recuerdo del
Niágara, la perspectiva de que pronto contempla-
remos el "prodigioso torrente."

¡El Niágara! ¡Cómo va ligado á mis memorias infantiles y á mis fantasías de adolescente!
Desde muy niño, ese nombre mágico despertaba
en mi corazón la idea más completa de lo colosal y de lo sublime. En mis primeros exámenes,
al hablar del diluvio universal, me pareció que
era poco que se hubiesen roto las fuentes del

grande abismo y abierto las cataratas del cielo. ¡El cielo! Era cosa pequeña para mi imaginación calentada por los versos de Heredia; y tuve que decir que se abrieron las cataratas del Niágara. Entonces no pude protestar de las burlas de mis profesores y condiscípulos. Hoy les diría:
—Sí, del Niágara, porque en su lecho de piedras hay agua para cubrir la faz del mundo; del Niágara, que sólamente los designios misteriosos de un supremo poder, hacen que, al recibir su inmenso caudal,

no rebose en la tierra el occano.

En Búffalo cambiamos de tren. Ya está cerca la catarata; ya percibimos un rumor sordo y perpétuo, que va creciendo á medida que avanzamos; ya mis nervios se crispan y mis cejas bailan hasta querer subírseme á la frente.

Llegamos, y hacemos un almuerzo ligerísimo. No queremos perder un instante, y saltamos á un vehículo cuyo conductor nos sirve de *laszaroni.*

—¡A la catarata!

A pocos metros de un pueblo ya de alguna importancia y que debe su vida al ininterrumpido número de turistas que en él se hospedan, está la Isla de la Cabra, que es el mejor sitio para ver la catarata, en la frontera americana. Desde aquí se contempla la herradura — *horseshoe*, que dicen los *yankees* — de la parte del Canadá. Pero

desde ésta es de donde se admira en toda su grandeza el Niágara, voz que en dialecto indio significa lo que en menos palabras puede calificar al
extraordinario fenómeno: "trueno de agua."

Atravesamos el puente colgante y ascendimos
hasta el parapeto que se alza en la meseta de roca
del lado del Canadá. Ignoro qué impresiones agi-
taban mi espíritu; deducí del color de mi cara por
la palidez de la Torre. Nos encontrábamos en
plena tarde, clara y luminosa, frente al espectá-
culo-rey de la naturaleza.

Durante un relámpago, no vi más que una
nube colosal que me envolvía y cegaba, á la vez
que en mis oídos retumbaba una detonación
perenne y medrosa. Ya sereno, fué surgiendo
ante mis ojos dilatados y mi alma aún más abierta, aquel río sobrenatural que vuelca el Erie en
el Ontario, durante un descenso del alveo, de 334
piés.

Allá vienen "los rápidos," gruñidores, encres-
pados y frenéticos, formando rizadas conchas de
espuma sobre montículos de gláuco cristal. Parecen una legión de blancas furias arreadas por
un látigo oculto en el fondo del río. Corren, se
precipitan, se alcanzan, se deshacen, crecen y,
cada vez más amenazadoras y velocés ante los
escollos que encuentran, lánzanse por último al
abismo, produciendo en su caida solemne y estrepitosa, fragor y polvo, un estruendo que re-
percute, amedrentador, en las ondas del viento,

y una nube gigantesca, humo de aquel hervidero frío.

En la catarata americana, el líquido al volcarse se convierte en masa de blanquísima espuma, como si rodasen madejas de nítido vellón. Se nos figuraría que por allí se deshace en rizos y bucles, la cabellera cana del viejo monstruo que labró aquel abismo.

Pero tales guedejas, que se deslizan en la cúspide suavemente, al caer se endurecen contra las rocas, azotan el vórtice y vuelven á elevarse deshechas y desmenuzadas, mientras se oye una voz ronca en la que el monstruo á un tiempo grita y ahulla, ruje y canta, y el sol, un sol dorado que baja de un cielo glorioso, le festeja, colgando en el abismo banderines de siete colores.

> *¿Qué voz humana describir podría*
> *de la sirte rugiente*
> *la aterradora faz....?*

¿Ni á qué paleta le sería dable copiar los iris del Niágara?

La Torre y yo permanecíamos absortos y mudos.

Al rededor de tanta grandeza, se experimenta un recogimiento místico; nadie osa articular más que interjecciones, todo calla, para oir al tronante coloso su canción de espumas. Los dulces pájaros vuelan hacia los cercanos bosques, á esconder su modestia, convencidos de que sólo el condor y el águila son dignos de cruzar el arco del torrente.

La vegetación de aquellos contornos es eréptil y dura. No serían las tiernas flores propias para engalanar la frente del monstruo,

> *ni otra corona que el agreste pino*
> *á su salvaje magestad conviene.*

Intermitentemente, nos sorprendían, entre la erizada verdura de los frondas, algunas florecillas tímidas que tronchábamos, al paso, para ahorrarles la vergüenza de su temblor. El torbellino las ofendía con los disparos de sus múltiples gotas.

¡Y siempre aquel vapor denso y henchido que va esparciéndose hasta esfumarse en el éter, y siempre aquel retumbo ensordecedor y espantoso que se perpetúa en el espacio y en el tiempo!

Nuestros antepasados que miraban la fuente, el arroyo, el río y el lago como seres vivientes, ¿qué pensarían de este gigante de las aguas, de este cíclope eterno? Quizás fuera el Dios mayor de razas extinguidas y allí sepultadas, que aún se quejan pavorosamente en las profundidades del abismo.

Desde las alturas del parapeto nos parecía á la Torre y á mí que aun estábamos lejos del tremendo espectáculo, que debíamos sentirlo más, recibir el bautismo de lo sublime, y descendimos al fondo, á pocos pasos del despeñadero, y atrave-

samos, envueltos en trajes de goma, el *Puente de los vientos.* La ingente mole se vengaba de nuestro arrojo azotándonos hasta calarnos. Fueron unos instantes de intenso placer y temor. Al subir de nuevo á la meseta, más pálidos que nunca, nos sentíamos doblemente felices, orgullosos de haber pasado por aquel Jordán vivificador.

Entonces, ya admirando la catarata en sus detalles, nos vino el recuerdo de Heredia, de su oda imperecedera, y no sé si se nos reveló de súbito más grande la obra del hombre que la obra de la naturaleza. Para sentir la sublimidad de los versos de Heredia, es preciso ver el Niágara. La apología del poeta, la hace el torrente. Ni Dickens, ni Tissandier, ni Bonalde, ningún escritor europeo, ni americano, nadie ha sabido describirlo como nuestro compatriota. Cuanto del Niágara se diga, ¡oh desgracia! es una paráfrasis del canto inmortal.

Decir el Niágara, es decir Heredia; ambos nombres corren unidos á la posteridad. La Torre y yo nos miramos, nos comprendimos y haciendo tribuna lírica del imponente parapeto, empezamos á recitar á duo, las pindáricas estrofas, en las cuales se perciben, como en el torrente, fragores y torbellinos, iris y ritmos. Y el recuerdo sugestionador de

> *las palmas ¡ay! las palmas deliciosas*
> *de las llanuras de mi ardiente patria,*

aquellas que nacen del sol á la sonrisa, nos hu-

medeció los ojos; y reparamos como, al igual
que la rápida corriente, huyen al hombre las ilusiones gratas, los florecientes días; como la pena
va rugando nuestra frente marchita; y sentimos
la falta de la hermosa que, al borde del abismo
turbulento, nos jurase su amor, acompañase nuestra admiración y cubierta de palidez y más bella
en su dulce terror, sonriera al sostenerla nuestros
amantes brazos; y compadecimos melancólica-
mente al egregio desterrado sin patria y sin
amores.

¡Niágara, adiós; adiós, "trueno de agua," que
has necesitado retumbar entre las rocas de dos
poderosas naciones! Si un día orlas tu escudo
con un lema glorioso, no elijas otro nombre que
el de *Heredia!*, y si puedes llegar con el poderío de tu épica voz á la región donde more el divino poeta, dile que no hay viajero que te visite
que no de un suspiro á su memoria, y que

al escuchar los ecos de su fama,
alce en las nubes la radiosa frente!

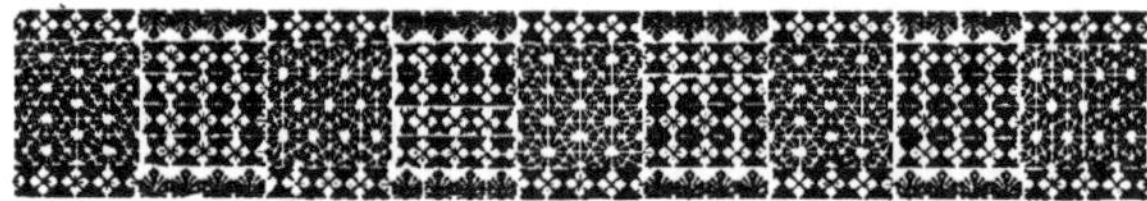

Un anti-anexionista.

HE recorrido algunas ciudades americanas y formado más exacta idea de la preponderancia de esta envidiable nación. Aunque el carácter *yankee* es en su esencia uniforme, algunos pueblos tienen su fisonomía distintiva. Chicago, ya lo he dicho es la dueña del matadero, de formas bruscas, que tiene que ponerse á todas horas el sayal negro, para andar limpia; Filadelfia, es la matrona de su casa, unciosa á la par que elegante; Boston, la Doctora empinada y grave, que no suelta el birrete, y que, en vez del ridículo, cuelga en la cintura las disciplinas del dómine; Wáshington, la dama correcta, severa, cultísima y silenciosa, cuyas pocas palabras son oráculo y cuyas disposiciones son mandatos obedecidos; y New York, la joven á quien ha levantado los cascos su cosmopolitismo, bulliciosa, de sentimientos y gusto

más independientes y que está al cabo de las
modas extranjeras.

He visto mil cosas admirables, entre las que
me han dejado más firme é imborrable impresión, el Capitolio de Wáshington, el puenté de
Brooklyn y el cementerio de Green Wood. Me
dejo en la cartera apuntes para otro volumen.
New York, particularmente, he podido conocer-
lo mejor, porque he tenido en él *cicerones* que lo
mismo entran en los palacios de la Quinta Avenida, que en los tugurios del Bowery.

En New York me he sentido también más
cerca de mi país, por su numerosa colonia cubana, en la cual tengo excelentes amigos con
quienes he pasado largas horas charlando sobre
la patria ausente. Se recuerda entonces el terru-
ño, como pensamos en los seres amados que se
nos alejan.

Bullente tertulia formábamos en la sala del *Hotel
Central — rendez-vous* hispano-americano — en la
que, á vueltas de rodeos, concluíamos por pegar
la hebra á propósito, naturalmente, del país en
que estábamos y del otro á donde volaba nuestro
espíritu. De ahí, á que se tratase de la anexión,
no había más que un paso. Tenía yo ansiedad
de conocer el juicio de los cubanos que residen en
los Estados Unidos, acerca de este asunto siempre palpitante, y pude satisfacerla á mi antojo.

Quien con más gracia, intención y razones
argüía en contra de aquella tendencia políti-

ca, era un criollo á macha martillo, hombre de ilustración copiosa y diáfano criterio, que hace veinte años reside en New York, y de una vehemencia tropical que tiene simpáticas analogías con la arrogante exageración andaluza.

—¡La anexión! ¡Quita allá! – nos decía febril y dejando caer el fuerte puño sobre la mesa que rodeábamos.–¿Quién piensa en eso? Aquí, puedo jurar á VV. que no son anexionistas ni Trujillo, ni Néstor Ponce, ni Marty, ni Sellén, vamos, ningún cubano de los que de cerca hemos estudiado la cuestión. Ya no es anexionista... ¡ni Bellido de Luna! ¿Y antes? No lo fué Saco, ni *El Lugareño*, ni los hombres más importantes de la revolución; ni lo son en Cuba, actualmente, Varona, Sanguily, Montoro, del Monte, Cruz, Heredia, Fernández de Castro, en una palabra, los directores de la opinión cubana.

—¿Y Cabrera? – se le objetó.

—Pues no creo que lo sea tampoco, porque su vehemente, justa y bien traducida admiración por los Estados Unidos, no significa que no tenga otras aspiraciones, como la de la autonomía, que defiende, en la política antillana.

El gran argumento, señores, de los anexionistas, es el de que pertenecemos comercialmente á los *yankees*, y que el día que éstos no nos compren el azúcar, nos hundimos. Parece mentira que cosa tan dulce pueda acarrearnos tragos tan amargos. Pues disparatan. Está esclarecido hasta la evidencia que los Estados Unidos tienen que comprarnos por mucho tiempo las seiscientas mil toneladas que nos consumen anualmente, y el día que puedan prescindir en este punto de nosotros, ¡qué diablos! ya nos habremos buscado nuevas salidas ó reemplazado el azúcar por la mayor cosecha del tabaco y de otros ricos productos como el café y el cacao, á los cuales les cae nuestro caliente sol como una bendición del cielo. Y así burlaremos al historiador Ballou que hace depender el destino final de Cuba de *ciertas leyes económicas que son* — á su entender — *infalibles en sus efectos, como lo son las leyes de la gravitación.* ¡Palabras!

En lo único que piensan los pocos que pueden desear la anexión, es en una conveniencia de orden material, en el engrandecimiento de la riqueza del país, en un golpe de bolsa; no por amor al pueblo *yankee*, con el que estamos divorciados en raza, lengua, religión, sentimientos, cultura, carácter, gustos y costumbres; lo que viene á ser lo mismo que pretender casarse con la dote de una señora á quien no podremos ni *tutear* siquiera, porque ya saben ustedes que el *thou* es sólo para hablar con el Altísimo. No sería una elección, sino un recurso.

Ustedes me dirán que estos son argumentos vulgares. ¿Y qué? ¿Acaso esas fórmulas sencillas que el vulgo repite, no son las sutiles adivinaciones y las síntesis claras de los problemas profundos?

¿Por ventura, con avenidas y parques y edificios inmensos y tesoros apuntalados, en fin, con el bienestar de la materia, hace su felicidad un pueblo exquisito, de cepa romántica y sangre ardorosa? Lo que no entra por el espíritu, amigos mios, no se consolida.

Somos pueblos antitéticos, que se repelen, que pueden vivir siempre en la grata harmonía del azúcar vendido y comprado; pero que no se fundirán jamás en un mismo ideal, en una común aspiración. No es posible amalgamar el agua y el aceite, como es quimérico hermanar nuestro soñador desequilibrio con esta serenidad de piedra.

Venga la anexión, y empecemos por aprender un nuevo idioma que no pronunciaremos nunca bien — por que parece que nuestra boca nace ya conformada para lengua más dulce y harmoniosa — y olvidemos el verbo santo con el que aprendimos á llamar á nuestra madre, á amar á nuestras mujeres y á nuestros hijos y á bendecir á Dios desde la cuna. A ver, digan ustedes "¡madre mía!" en inglés. — *¡My mother!* ¡Horror! ¿Creen ustedes que con ese *mai* puede haber ternura posible....?

Por un mero provecho utilitario y darnos el pisto de ser un Territorio de la Unión — porque Estado no seríamos — ¿hemos de renunciar, como decía el director de *El Porvenir*, (porque la absorción *yankee*, más ó menos rápida ó paulatina, sería inevitable) hemos de renunciar, digo, á "nuestra tierra adorable, nuestro cielo luminoso, nuestros amigos de antaño, nuestras compañeras encantadoras, nuestra familia sagrada, nuestros cantos populares, melancólicos reflejos de la aspiración á la libertad, nuestra historia brillante, todo aquello, en fin, que constituye la patria?"...

—Y si España y los Estados Unidos lo quieren?—interrumpió uno de los oyentes.

Y aprovechando nuestro locuaz anti-anexionista la interrupción, para limpiarse el sudor que le bañaba la frente, no obstante marcar el termómetro 20° grados, respondió:

—España no hará jamás uso, en este sentido, del art. 55 de su Constitución: no propondrá la anexión por honra nacional, ni la aceptará, como no la aceptó en 1848, cuando el Presidente Polk le ofreciera cien millones de pesos por la cesión de la Isla; y en cuanto á los Estados Unidos, siempre se han reido del asunto, como se rió hace poco la Cámara de Wáshington de la proposición de Mr. Call. Ellos no han ido nunca *á la mitad del camino*, como decía Mr. Blaine, y si alguna vez han pensado en nosotros, no es para hacernos ningún beneficio, sino porque, como escribió Jefferson á Monroe, en 1823, Cuba es la *adición* más interesante que pudieran hacer á su nacionalidad, por el dominio que les daría sobre el Golfo de México y los países inmediatos al Istmo de Panamá, "lo que llenaría la medida de su bienestar político."

Ya lo ven VV.: siempre el egoismo, que es la
característica de esta nación. A veces, amigos
míos, estoy por creer que él es el inspirador
de muchas de sus admirables virtudes. Por él
se esfuerza tanto el hombre, se desteta al niño y
trabaja la mujer; él despierta las sublimes filan-
tropías; impone el respeto mutuo y la sumisión
á la ley, y por él no vemos jamás en la calle, ni
perros, ni mendigos, ni mujeres en cinta.... nada
que estorbe. Ese gusto, en fin, de dar preferencia al *clown* que hace desternillar, antes que
al drama que hace sufrir, ¿no es una forma, inconsciente tal vez, de su inmenso egoismo?

Él es nuestro mortal enemigo, porque, aun
cuando otra cosa se diga, créalo V. – y me mi-
raba fijamente – aquí le cuesta al inmigrante
latino muchos dolores el ganarse la vida. Parece
que quieren vengarse de la hegemonía de nuestra raza. Ellos, ni siquiera nos desprecian, que
al fin el desprecio es el néctar del odio, como la
muerte es género de libertad; ellos nos desdeñan,
nos tienen por clase inferior, y he ahí que vivi-
mos solos, aislados, pobres entre tanta abundancia, tropezando á cada acometida, manteniendo
en nuestros hogares el calor de la patria, una atmósfera exótica, dispuestos siempre á imitar al
príncipe Usbek, de Montesquieu, á sacudir el
polvo de esta tierra, y sin otro consuelo que el de
comulgar á diario con la hostia de una discutible democracia.

¿Pero no han leído VV. lo que dice Herbert Spencer de la vida *yankcc*, y lo que, á propósito de esa misma decantada democracia, ha escrito Max Nordau, para probar que el *snobismo* reina en todas partes? Pues dice este ilustre pensador que el americano, que en la apariencia no honra más que al todopoderoso *dollar* y afecta burlarse de las diferencias de clase que existen en el viejo continente, se complace en el fondo de su corazón al poder exhibir en sus salones un individuo de la nobleza. ¿Y no han visto VV. cómo se pirran por los cintajos?

Pero no quiero seguir por este camino, pues pudiera creerse que tengo enemiga sistemática al país donde, bien que mal, vivo y educo á mis hijos, quienes, se lo juro á ustedes, á medida que van más á la escuela, más se me van despegando... Es este el análisis imparcial de lo que veo y palpo, como no tengo empacho en admirar con todo mi corazón los grandes méritos personales y las extraordinarias virtudes colectivas de los norte-americanos.

Lo que no quiero, por no considerarlo patriótico, es que se nos metan en casa. Cada cual en la suya y Dios en la de todos. Yo soy muy radical en mis ideas, ó si VV. quieren, en mi criollismo, y adopto en los timbres de mis papeles una frase elocuente de los jesuitas: "Ser como somos, ó no ser."

Y no se entienda que estoy conforme con la

política desatentada que impera en Cuba. Tampoco creo que debemos imitar á las ranas de la fábula y obedecer, humildes y sumisos, al rey que Júpiter nos imponga, ya sea éste un culebrón ó ya una grulla. Que vengan las reformas, y la autonomía, y cuanto pueda hacernos felices, y sobre todo — añadió, por último, dándome un nervioso abrazo de despedida — que pueda yo morir en aquella tierra adorada, donde, como V. ha dicho, "aun desde la tumba debe ser bello el sol."

Y un par de lágrimas gordas rodaron por sus mejillas, que el fuego de aquel sol caldeara, y que no pudieron blanquear en cuatro lustros las nieves del Norte.

FIN

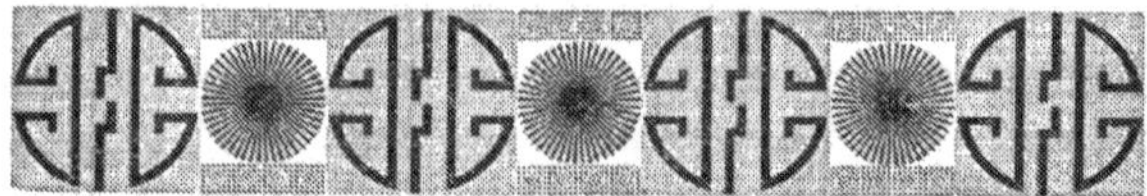

Lⲅas Recompensas.

Hé aquí las recompensas concedidas en Chicago á los expositores de Cuba.

DEPARTAMENTO DE AGRICULTURA
GRUPO 8º

S. M. la Reina de España, por las obreras de la fábrica "La Corona," por sus cigarrillos.

S. M. la Reina de España, por las obreras de la fábrica de Partagás.

S. M. la Reina de España, por las obreras de la fábrica de Emilio Castelar.

Don Gumersindo García Cuervo, cigarros puros.

A. Barquinero, cigarros puros y cigarrillos.

Sres. Leopoldo Carvajal y compañía, cigarros puros.

Sres. Juan Cueto y hermano, cigarros puros.

Sr. Cayetano Suárez, cigarros puros.

Sres. M. Valle y compañía, cigarros puros.

Sres. Roger y compañía, cigarros puros y cigarrillos.

Sres. Bances y López, cigarros puros.
Sres. H. Upmann y compañía, cigarros puros.
Sres. F. P. del Rio y compañía, cigarros puros.
Sr. Sebastián Azcano, máquina para marcar cigarros puros.
Sres. Salomón hermanos, tabaco en rama.
Flor de Partagás, cigarrillos.
Don Pedro Muñoz, Santiago de Cuba, cacao.
El mismo, café.

GRUPO 3?

Doña María Teresa Beltraneda, azúcar.
Don Mariano C. Artiz, azúcar.

GRUPO II

Sres. Trespalacios y Aldabó, crema de cacao.
Don José Eleno Madiedo, vino de piña.
Sres. Robato y Beguiristain, alcoholes.
Sres. Bacardí y compañía, Santiago de Cuba, rom.

DEPARTAMENTO FORESTAL

GRUPO 19

Cámara de Comercio de la Habana, colección de maderas.
Sres. Portuondo y Barceló, Santiago de Cuba, caobas.
Don Antonio Diaz Blanco, Habana, caoba.

DEPARTAMENTO DE MINAS

Compañía Hispano-americana, Santiago de Cuba, minerales.

Cámara de Comercio de Santiago de Cuba, plano y memorias sobre minerales.

Escuelas Pías de Guanabacoa, minerales.

GRUPO 43

Mina Angela Elmira, Bejucal, asfalto.

DEPARTAMENTO DE MANUFACTURAS

GRUPO 90

Don Víctor Vidaurrazaga, un mueble tabaquera.

Don Juan Hourcade, por construcción de los kioskos para tabacos de los Sres. Bances y López.

Don José Pianca, por construcción de los kioskos de don Gumersindo García Cuervo y M. Valle y compañía.

GRUPO 103

Obreras de la fábrica de forros de sombreros de don José Puertas, Habana, por sus trabajos de forros de sombreros.

GRUPO 104

Doña María Luisa Ceballos, un corset modelo.

DEPARTAMENTO DE SEÑORAS

GRUPO 106

Doña Paula C. Carballada, Habana, encajes; señoritas Fernández y García, Habana, pañuelo bordado; Beneficencia Domiciliaria, Habana, bordados; señorita Carmen Orta y Pardo, Habana, bordados; señoras monjas de Santa Catalina, Habana, bordados; doña Manuela Peraza, Habana,

bordados; doña Rosa Rodriguez, Habana, bordados.

GRUPO 108

Señorita María Rodríguez Alegre, Habana,
trabajos de cuero.

Colegio Isabel la Católica, Habana, trabajos de
cuero.

Señorita María Luisa Netto, Habana, trabajos
de cuero.

Señorita María Equet, Habana, trabajos de
cuero.

DEPARTAMENTO DE BELLAS ARTES

GRUPO 140

M. Dominguez, Madrid, dos cuadros exhibi-
dos por su propietario, el Excmo. Sr Marqués de
Pinar del Rio.

DEPARTAMENTO DE ARTES LIBERALES

GRUPO 147

Sociedad protectora de los niños, Habana, memorias y fotogrofías.

Hospital de nuestra señora de las Mercedes,
Habana, memorias y fotografías.

Escuela Provincial de artes y oficios, Habana,
construcción de muebles.

GRUPO 149

Don Victorio Ventura, Habana, material para
la enseñanza.

GRUPO 160

Excma. Sra. Condesa de Mortera, Habana, colección de poesías de autoras cubanas.

Doña Eva Canel, sus obras.

Dr. don Gabriel Casuso, Habana, colección "El Progreso Médico."

Don Ramón Elices Montes, Habana, sus obras.

Don Eugenio Sánchez Fuentes, Habana, sus obras.

Don Vidal María Sotolongo, Habana, revista "La Abeja Médica."

Don José Novo García, Habana, sus obras.

Don Eugenio Capriles y Ozuna, Habana, legislación de policía de la Isla de Cuba.

Don Carlos A. Sierra, Habana, revista del foro.

Don Germán González de las Peñas, Habana, mapa de Cuba.

Rdo. Padre Benito Viñes, Habana, sus obras y observaciones metereológicas.

Don Herminio Leyva, Habana, su obra primer viaje de Colón.

Sres. M. Ruiz y Compañía, Habana, grabados.

Sres. Ruiz y Hermanos, Habana, trabajos de imprenta.

GRUPO 151

Presidio Departamental, Habana, por sus trabajos presentados.

Don Máximo del Castillo, Habana, fotografías al aire libre.

GRUPO 152

Don Julio Zapata, Madrid, planos del monumento á las víctimas del 17 de Mayo.

GRUPO 155

Colegio de Abogados, Habana, sus revistas.

Real Academia de Ciencias, Habana, sus anales y sus obras.

Centro Asturiano, Habana, memorias y otros trabajos.

Junta Auxiliar de Señoras, Habana, por sus trabajos colectivos para la Exposición.

GRUPO 158

Sr. Hubert de Blanck, Habana, cantata y marcha triunfal.

Habana, Febrero 14 de 1894.

Erratas importantes.

Página.	Línea.	Donde dice	Debe decir
21	3	los cuales	quienes
27	9	envió	enviaba
40	29	*Go head!*	*Go a head!*
66	19	conducción	condución
94	13	arquitectura	escultura
125	11	expontáneo	espontáneo
127	5	guardaba	ostentaba
128	10	Lonfellow	Longfellow
134	24	A los que	A las que
136	3	*rêveries*	*rivières*
137	29	Brunnel	Brummel
156	10	bandas	orquestas
186	6	*polisman*	*policeman*
188	27	venal	vanal

Indice.

Biblioteca de "El Fígaro."

OBRAS PUBLICADAS.

I.—Por esos mundos, impresiones de viaje, por Federico Villoch.

II.—Cromitos cubanos, por Manuel de la Cruz.

III.—A la diabla, poesías, por F. Villoch.

IV.—Leonela, novela, por Nicolás Heredia.

V.—La Ciudad Blanca, crónicas de la Exposición Colombina de Chicago, por Manuel S. Pichardo.

De venta en la imprenta *La Moderna*, Compostela 69, y en las oficinas de El Fígaro: Chacón 17 y Obispo 55.

DEL AUTOR.

En preparación:

Poesías.
Artículos.